“竹林碳觅”系列科普读物

# 竹林碳觅

周国模　施拥军　潘　城◎著



科学普及出版社
·北　京·

**图书在版编目（CIP）数据**

竹林碳觅 / 周国模，施拥军，潘城著．— 北京：科学普及出版社，2020.12（2021.5 重印）

ISBN 978-7-110-10150-6

Ⅰ. ①竹… Ⅱ. ①周… ②施… ③潘… Ⅲ. ①竹林—二氧化碳—资源管理—研究—中国 Ⅳ. ① S795

中国版本图书馆 CIP 数据核字（2020）第 176811 号

---

**策划编辑** 郑洪炜 牛 奕
**责任编辑** 郑洪炜
**封面设计** 金彩恒通
**正文设计** 中文天地
**责任校对** 焦 宁 张晓莉
**责任印制** 马宇晨

---

**出　　版** 科学普及出版社
**发　　行** 中国科学技术出版社有限公司发行部
**地　　址** 北京市海淀区中关村南大街 16 号
**邮　　编** 100081
**发行电话** 010-62173865
**传　　真** 010-62173081
**网　　址** http://www.cspbooks.com.cn

---

**开　　本** 710mm × 1000mm 1/16
**字　　数** 210 千字
**印　　张** 14.5
**印　　数** 3001-8000 册
**版　　次** 2020 年 12 月第 1 版
**印　　次** 2021 年 5 月第 2 次印刷
**印　　刷** 北京瑞禾彩色印刷有限公司
**书　　号** ISBN 978-7-110-10150-6 / S · 575
**定　　价** 68.00 元

---

# "竹林碳觅"系列科普读物编委会

# 作者简介

**周国模** 浙江农林大学教授、博士生导师，浙江省特级专家，享受国务院政府特殊津贴。国家林业和草原局竹林碳汇工程技术研究中心主任，浙江省气候变化专家委员会副主任，浙江省重点科技创新团队“林业碳汇与计量”创新团队带头人。长期致力于竹林碳汇研究，主持“竹林生态系统碳汇监测与增汇减排关键技术及应用”科研项目，获2017年国家科学技术进步奖二等奖；已出版《竹林生态系统碳汇计测与增汇技术》《竹材产品碳储量与碳足迹研究》《竹林碳汇项目开发与实践》《竹林生态系统中碳的固定与转化》《竹林生态系统能量和水分平衡与碳通量特征》《竹林生物量碳储量遥感定量估算》6部学术专著，在竹林碳汇研究领域的发文量及影响力排在全球首位，连续10年应邀出席联合国气候变化大会并提交竹林应对气候变化专题报告，是世界知名的竹林碳汇领域专家。

**施拥军**　浙江农林大学教授、硕士生导师。长期从事林业碳汇计量监测以及竹林碳汇经营研究，主持完成林业碳汇计量监测、林业碳汇造林经营等科研生产项目近40项，参与开发《竹子造林碳汇项目方法学》《竹林经营碳汇项目方法学》《竹子造林碳汇计量与监测方法》等4项国家与行业标准，发表SCI收录论文15篇，合著出版科技专著3部。参与获得国家科学技术进步奖1项、浙江省科学技术进步奖一等奖2项、梁希林业科学技术奖二等奖1项，荣获“浙江省新时代万名好党员”“浙江省高校‘三育人’先进个人”等称号。

**潘城**　浙江农林大学教师、作家，日本神奈川大学历史民俗学博士研究生，汉语国际推广茶文化传播基地副秘书长，中国科普作家协会农业科普创作委员会委员。已出版学术专著《茶席艺术》《隽永之美：茶艺术赏析》等，出版文化随笔集《一千零一叶》、纪实文学《人间仙草》、长篇小说《药局》等。曾参与主创大型舞台艺术作品《中国茶谣》，任话剧《六羡歌》执行导演，参与策划的美国纪录片《茶：东方神药》获6项艾美奖，赴美、俄、法、意、日等国开展文化与学术交流。

# 揭秘竹碳，开启未来

记得那是三年前初秋一个雨后的清晨，尚值暑假，阳光微露，我又一次走过学校的竹种园，路边成排的孝顺竹依旧青翠欲滴，簇拥着在微风中轻轻摇曳，不时发出竹叶碰撞的沙沙声，有的还洒下点点水滴，似乎在向我招手致意："嘿，竹博士，你能看到吗？我们竹子家族正在尽情吸碳呢，记着为我点赞哟！"

我用肉眼确实看不到，但我真心知道，我也希望能让大众都知道。我不由自主地在这片竹林前停住了脚步，心里默默思索良久。

其实从2009年开始，我已连续10年参加联合国气候变化大会，在会议上就竹林和竹林碳汇这个主题展开的发言或提交的技术报告，总能引起大家的热议。这些年我带着团队成员在浙江、安徽、福建、四川等地开展竹林碳汇及应对气候变化知识的讲座和技术推广，所到之处，各界听众十分踊跃，积极性很高。但是每次在授课和交流过程中，总会发现众多渴望的眼神中流露着迷惘和困惑："对于竹林碳汇和碳汇交易，我们真心想知道、想参与，但这些内容太深奥、不易懂！"

我领衔的"林业碳汇与计量"科技创新团队，20年来聚焦于林业应对气候变化的研究，深耕竹林碳汇领域，揭示了竹林巨大的固碳功能，解决了竹林“如何固碳”“如何测碳”“如何增碳”“如何售碳”等关键科学与技术问题，形成了丰富的科学论文、学术专著和技术成果，在国内外学术界产生了广泛的影响，有力推动了竹林碳汇科技进步和产业发展。

然而，竹林碳汇深藏于复杂的竹林生态系统，既具有植被自然属性，又包含生产活动过程，也与贸易金融产生关联。相关概念、知识与技术过于专业，十分“高冷”，读者群体很有限。作为一名长期从事林业碳汇教育、研究的科技工作者，我深切地感受到全球“气候变化”正在演变成“气候危机”，人类携手共同应对已刻不容缓。气候变化问题如同粮食和水一样，与每个人都息息相关，需要大家形成共识、积极参与、共同行动。

回到林业碳汇实验室，我召集团队核心成员，着手商讨和策划如何把专业知识转化成公众喜闻乐见的科普知识。经反复推敲，数易其稿，形成了总体的策划文案：基于长期积累的竹林碳汇科学知识，联手文学家、艺术家全新创作题为“竹林碳觅”的系列科普读物和衍生作品。分别以大众科普读物、生态童话小说、儿童绘画读本、动漫短视频（中英文）、影视短片、文创衍生产品等多种形式呈现，以满足不同年龄、不同知识结构的读者群体，适应当今快节奏、碎片化的时间特征。并借此打造精炼科学知识、精彩文化故事、精美萌宠产品交相辉映的“竹林碳觅 IP”，使竹与人、竹与碳、竹与环境的科学知识变得有声、有色、有形、有趣，更具有吸引力和传播性。

本书是“竹林碳觅”系列科普读物的主本，面向广大学生和社会大众。全书共分八章，分别为：碳来碳去、识竹问碳、吸碳之王、藏碳之道、寻碳之踪、增碳之术、竹君卖碳、碳明未来。全书以碳贯穿始终，因碳循序探秘，图文并茂，生动形象地讲述了大气中二氧化碳的产生、控制与气候变化的关系，竹子家族全生命周期的神奇固碳特征，以及人们如何提升竹林固碳能力，携手应对气候变化共创美好未来。本书尽可能地实现科学性、趣味性、启迪性的有机融合，通篇呈现文学艺术与科学规律的复调美感。

科学创新是一种美，科学普及也是一种美。流连于山水林木四十年，执着于竹林碳汇二十载，竹子所承载的人文精神和“绿水青山就是金山银山”的生态理念早已内化成为我们心中不懈的追求：在科技创新和科学传播的道路上，愿做一棵虚怀若谷、咬定青山、根深叶茂、扩鞭孕笋的老竹，养育团队不断推陈出新，筑美景续写责任担当。

三年时光，反复研讨、修订、斟酌，“竹林碳觅”系列科普读物终于全部成稿付梓。今天恰逢2020年全国低碳日，全民倡导绿色低碳，是一个非常有意义的日子。系列科普读物的出版若能像一叶竹舟，驶进大家美好心灵汇聚而成的海洋，激荡起一层保护气候生态、践行低碳生活、呵护地球家园的涟漪，开启未来的航程，吾愿足矣！

周国模

2020年7月2日于杭州

# 目录
CONTENTS

## 第一章
## 碳来碳去



## 第二章
## 识竹问碳

## 第三章

## 吸碳之王

# 第四章

# 藏碳之道



# 第五章

# 寻碳之踪

## 第六章
## 增碳之术

# 第七章

# 竹君卖碳

# 第八章

# 碳明未来

# 第一章
# 碳来碳去

同一颗星球让我们近在咫尺。我们依同样的定律投落影子。我们都试着以自己的方式了解一些东西，即便我们不了解处，也有几分相似。尽管问吧，我会尽可能说明……

——辛波斯卡《植物的沉默》

（辛波斯卡是 1996 年获得诺贝尔文学奖的波兰女诗人）

# 第一节
# 我们生活在碳的世界

世界上最优秀的画家之一——后印象派的旗手保罗·高更，曾跑到太平洋南部的塔希提岛上体验近乎原始的生活。1897 年，高更完成了自己的杰作《我们从何处来？我们是谁？我们向何处去？》（图 1–1）。

图 1–1　法国 高更《我们从何处来？我们是谁？我们向何处去？》

我们从何处来？我们是谁？我们向何处去？关于这个终极问题，从人类诞生至今，许多哲学家、文学家、艺术家和科学家都从各自的角度给出过精彩的解答，但从未有过正确答案。也许这个问题的无限解答正是人类发展的动力。比如，宇宙的年龄是多少？宇宙中包含着碳元素，成为我们这些生命体存在的前提。在恒星中更轻的元素被加热而产生了碳。碳通过一次超新星爆炸散射到太空，最终在新一代的太阳系中凝聚成行星。1961年物理学家罗伯特·迪克做出过惊人的论证，上述的这个过程大约需要100亿年的时间。因此，我们正是通过碳的形成大概能推测出宇宙的岁数也有这么大了。

碳于地球，无处不在，它弥漫于大气层，浸入动植物的生命机体，潜藏于岩石土壤，溶解于江河湖海，是地球生物最基本的构成元素，与人类生产、生活息息相关，与世界经济政治融为一体。碳，是影响地球家园发展与存亡的关键。

本书所要为大家讲述的一切，也正是试图对以上这个问题给出一种新的解读——我们与我们所处世界的生命体主要是由碳构成的，假如我们弄明白了碳的原理，也许我们会更了解自身。假如我们还能了解一种与碳关系密切的植物——竹，那么我们也许会让这个世界变得更美好。

## 一、碳是生命的骨架

碳与地球和地球中的生命体相伴而生。

大约137亿年前，随着一次高温、富含能量的亚原子粒子的大爆炸，宇宙诞生了。约66亿年前，银河系内发生了一次大爆炸，其碎片和散漫物质长时间地凝集，在46亿年前形成了太阳系，并通过氢核聚变形成了各类元素：氢、氧、硅、铝、铁、钙、钠、镁、氮、硫、磷和碳等。在40亿~19亿年前，地球内部积聚的热量使地球物质熔融，喷溢出大量岩浆、气体和水蒸气，形成了原始的岩石圈、水圈和大气圈。此时，地球上还没有有机生命，地球组成元素主要在大气、海洋及岩石圈之间进行迁移转化和循环周转。在这一切构成物质循环的基本元素之中，碳是最主要的。

我们先从物理世界来看看碳的身影。从分子物理学的时代开始，我们可以对万事万物进行无限的细分，碳的研究变得越来越重要。人类在学会了怎样引火以后，碳就成为人类永久的伙伴。碳的无数化合物是我们日常生活中不可缺少的物质，产品从尼龙、汽油、香水和塑料，一直到鞋油、滴滴涕和炸药等，范围广泛、种类繁多。碳的原子序数为 6，但是拥有的同位素多达 15 种（从 $^{8}C$ 到 $^{22}C$），碳的同素异形体也非常多（图 1–2、图 1–3），造成其物理性质变化繁多，坚硬如钻石、柔软如木炭等，围绕碳元素研究而颁发的诺贝尔化学奖就有近 10 次。比如富勒烯（$C_{60}$）的发现者获得 1996 年诺贝尔化学奖，2010 年诺贝尔物理学奖授予石墨烯材料方面的研究者。

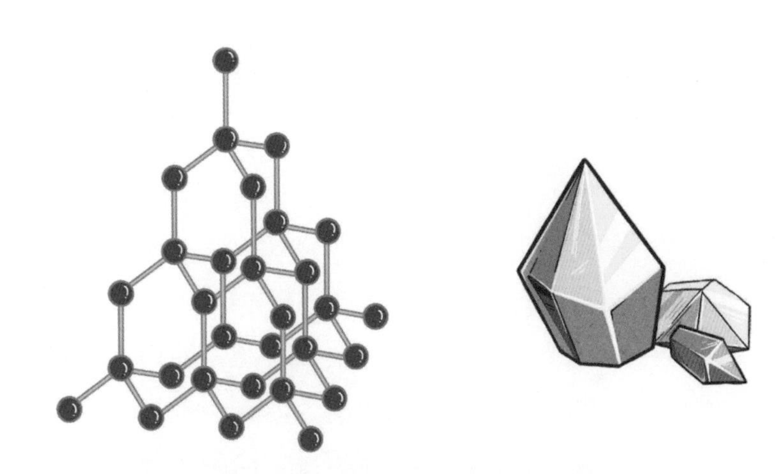

图 1–2　金刚石碳分子结构及实物示意图

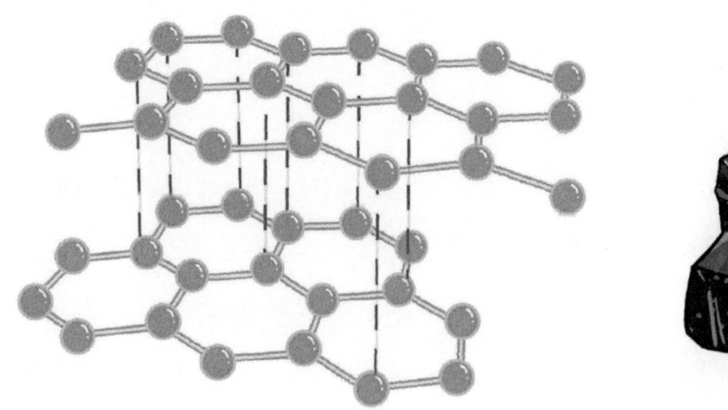

图 1–3　石墨碳分子结构及实物示意图

我们再来看看生命世界中碳的足迹。碳，是生命世界的栋梁之材，大约在 30 亿年前，一个奇迹发生了！地球的环境开始逐渐稳定后，海洋中的无机物合成如氨基酸与核苷酸等的有机小分子，再由小分子合成蛋白质与核酸这样的大分子，正是生物大分子之间的相互作用最终演化出了原始生命。在海洋这个生命的摇篮中，生物经历了一个极其漫长而复杂的进化过程，先是从原核细胞进化到真核细胞，再逐渐进化出植物与动物等高级生命形态。在距今大约 4 亿年前，海洋中的生物开始向陆地进发，出现了陆生生物，并逐渐形成生产者、消费者和分解者共同参与的复杂陆地生态系统[1]。

生命由什么构成？诗人说："万物静默如谜。"但科学家会告诉我们：生命体的基本构成元素主要是碳！当然还有氢、氧、氮、硫和磷等。碳，是最主要的生命体组成部分；碳，维系着地球上生命系统的新陈代谢过程；碳，是生命的基础，也是生命的骨架。地球上的所有动植物生命，包括我们人类在内，都是以碳和水作为有机物质基础的，无论是构成有机体骨架的蛋白质，还是作为遗传物质的嘌呤和嘧啶等物质，都是碳烃衍生物，所以世间万物被称作"碳基生物"或者"碳基生命"。有句流行语叫作"生命在于折腾"，其实没有错，每一个生命本质上都是逆热力学第二定律而出现的奇迹，活着就是为了避免向平衡衰退，而碳正是提供了生命"折腾"的基础。

## 二、碳是地球的基石

碳，从其含量来说在地球上并非最多，但它是地球生命物质的基本组成元素，存在于地球的每个角落，在生命起源和生物与地球环境交互作用中发挥着重要的作用。生命和人类的出现，丰富了地球碳的存在形式，极大地改变了地球的碳循环过程。所以，我们赖以生存的这颗美丽星球也可称为**"碳基地球"**。

那么，如此重要的碳都在哪里呢？

地球中的碳主要存在于四个地方，被称为**“四大碳库”**，包括**大气碳库、海洋碳库、陆地生态系统碳库、岩石圈碳库（含化石燃料碳库）**（图 1–4）。一般来说，各大碳库储量基本维持稳定，但碳元素也可以通过地球运动和人为活动在大气、海洋和陆地等各大碳库之间不断地循环变化，改变着各个碳库的储量或浓度。

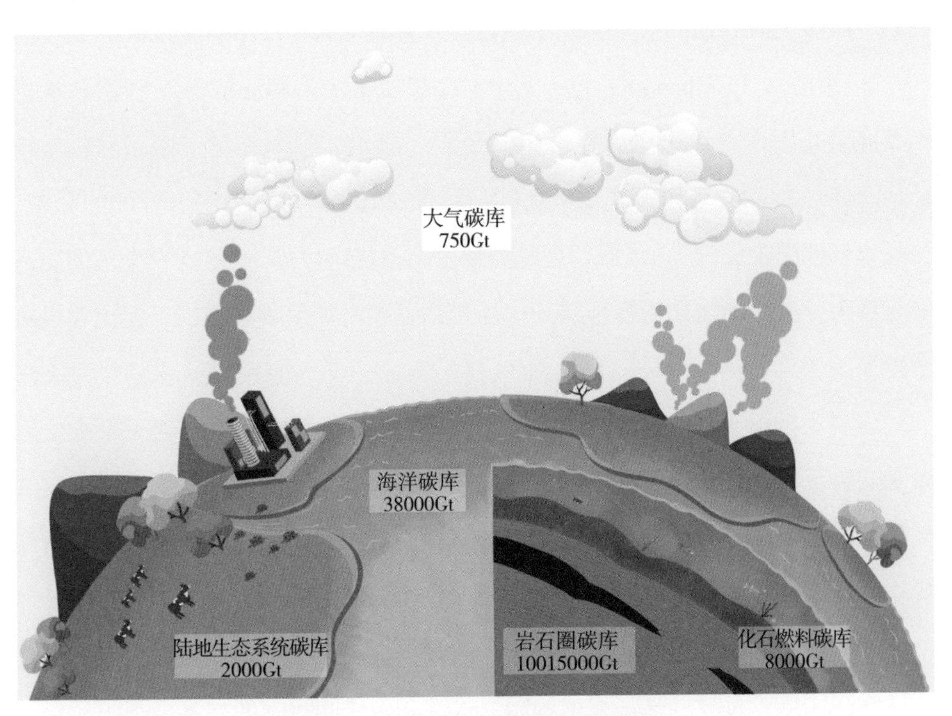


图 1–4　地球四大碳库构成示意图

四大碳库中的碳是什么形态？分别有多大的储藏量呢？

先到天上去看看。大气碳库中的碳元素主要以二氧化碳、甲烷和一氧化碳等气体形式存在，最主要的就是二氧化碳，有多少呢？最新的观测数据显示，每立方米的大气中含有 415.26 毫升二氧化碳，碳总量大约为 750GtC，那是多少呢？换算一下：**1GtC=10 亿吨碳**，大约相当于 18000 艘“辽宁号”航空母舰的重量。那么750GtC是多少？可以自己做个乘法。即使是这样，大气碳库中的碳量还是几大碳库中最小的，但其活性最强，是联系海洋与陆地生态系统碳库的纽带与桥梁，大气中碳含量的多少直接影响着整个地球系统的物质循环和能量流动。

再入海洋遨游一番。海洋碳库中的碳元素主要是以碳酸根和碳酸氢根离子形态存在的，主要是溶解无机碳（Dissolved Inorganic Carbon，DIC）、溶解有机碳（Dissolved Organic Carbon，DOC）、颗粒有机碳（Particle Organic Carbon，POC）、碳酸盐（Carbonate）等，其中97.0%以上为溶解无机碳[2]。溶解无机碳其实就是海水的一部分。大海里随便舀一瓢水，里面充满了碳。据科学统计，海洋每天吸收2200万吨二氧化碳，其含二氧化碳总含量约为380000亿吨，约是大气碳库含量的50多倍，还是陆地生态系统碳库的19倍，在全球碳循环中起着十分重要的作用。海洋碳库中还包括各类海洋生物有机碳，但比无机碳小得多。

看看大地的力量。先看其深层的岩石圈，岩石圈碳库中的碳元素主要以碳酸盐岩石和沉积物形式存在，主要成因是：海洋中的碳酸根与钙镁等元素结合生成碳酸盐，在海底沉积后形成碳酸盐岩石，进入岩石圈。此外，生物体死亡后，一部分可以形成碳酸盐岩石，另一部分则形成化石燃料，储存于地下。岩石圈碳库是地球上最大的碳库，从量上说它是四大碳库的老大，在自然条件下，这位老大脾气硬，与生物圈、水圈和大气圈之间的交换量很小，年规模仅在0.1亿~1亿吨碳，所含的碳较为稳定，周转时间长达数百万年。但人为活动干扰，如化石燃料的开采、利用和燃烧则会对全球碳循环带来明显的影响，2019年全球化石燃料燃烧产生的二氧化碳排放量高达368亿吨，创下历史新高。

再看其表层的陆地，陆地生态系统碳库是与我们人类联系最紧密的碳库，甚至我们自身也是这个碳库中的一部分，可以说最为重要。其中的碳元素主要以各种有机物或无机物的形式存在，包括活体生物碳库和土壤有机质碳库。陆地生态系统碳库总量约为20000亿吨，其中，活体生物碳储存量为6000亿~10000亿吨，生物残体等土壤有机质碳储量约为15000亿吨。陆地生态系统碳库是受人类活动影响最大的碳库，是全球碳循环过程的重要组成部分[3]。

从陆地植被覆盖类型上分，陆地生态系统碳库又可以分为森林碳库、农田碳库、草原碳库、湿地碳库、荒漠碳库等。其中森林碳库是陆地生态系统的最大碳库，全球森林生态系统碳储量约为6620亿吨碳，约占陆地生态系统碳库的57%。

## 三、碳带领万物循环

**碳在各个圈层之间不断发生迁移转化，碳的存在形式不断发生着变化，这就是碳循环**。全球碳循环又称生物地球化学循环，指碳元素在地球的四大碳库或各个圈层（大气圈、水圈、生物圈、岩石圈）之间的迁移转化和循环周转的过程（图1–5）。

通常所说的碳循环过程指二氧化碳的循环。主要包括以下过程：

首先是植物登场，"万物生长靠太阳"，除了太阳当然还要水、二氧化碳和氧气。大概每一位小学生都知道，植物通过光合作用吸收大气中的二氧化碳转化成各种形式的碳水化合物；同时，植物在生长过程中也会通过呼吸作用消耗一部分碳水化合物，这部分碳又以二氧化碳的形式返回大气。这个称为**物质生产过程**。

然后动物来了，食草动物吃了植物，食肉动物吃了食草动物，而我们人类则"大小通吃"。动物消费植物使得植物中的碳转移到动物体内，同时动物通过呼吸作用将体内的碳以二氧化碳的形式返还到环境中去。我们每分每秒都在吸入氧气，呼出二氧化碳。这个称为**物质消费过程**。

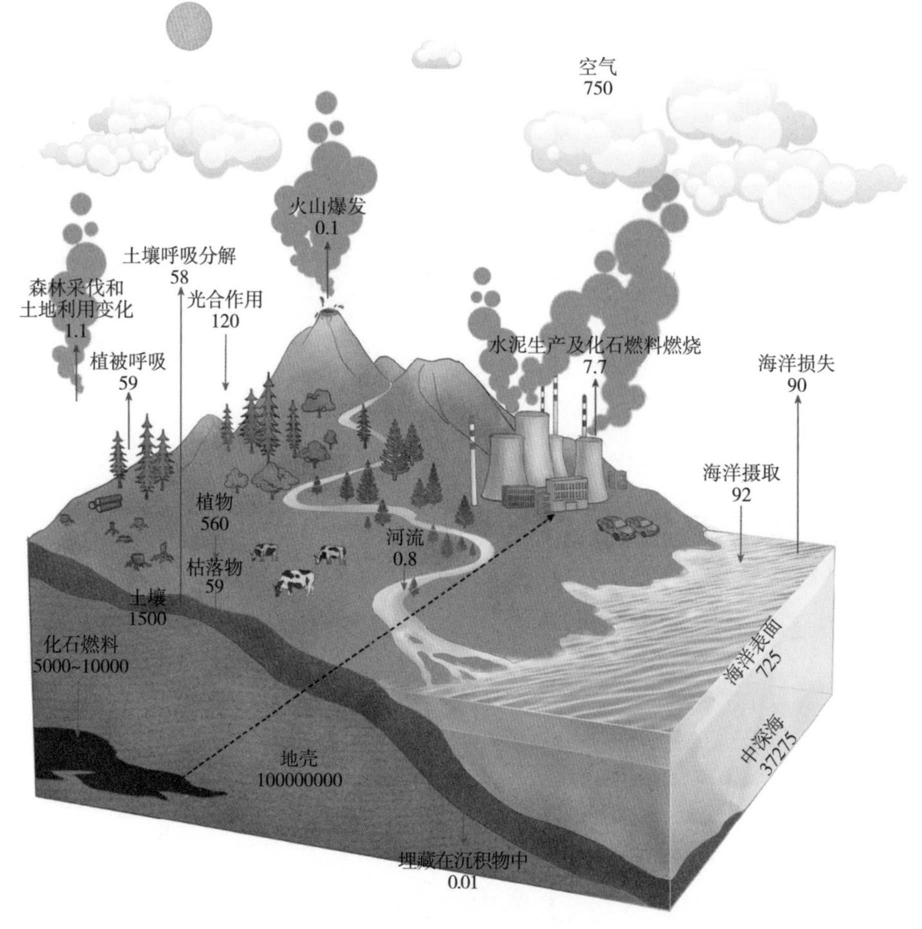


图 1-5　全球碳循环示意图

数据单位为 GtC/ 年

吸收——蓝色　排放——红色

除了植物和动物，还有我们肉眼看不见的微生物也在努力地活动着。微生物不断分解着动物的排泄物以及动物和植物的死亡残体中积累的碳，让二氧化碳重新回到环境中。这个称为**物质分解过程**。

环境中的碳和一部分有机生物体还会被大自然“埋葬”，经过成矿作用后，以矿藏（如煤、石油、天然气等）和碳酸盐沉积物的形态储藏起来。这个称为**碳的矿化过程**。

海洋中的海水还可以溶解空气中的二氧化碳，使其以碳酸盐的形式储存，或与海洋中的有机残渣和贝壳类生物结合形成碳酸钙，沉积到深海中；另外，浮游植物的光合作用也会吸收空气中的二氧化碳，以有机碳的形式储存大量的碳。这个称为**海洋蓝碳过程**。

通过物质的生产、消费、分解及矿化等循环过程，碳元素在地球表面、海洋和大气间不断地发生运动和变化。原本的碳循环自由而平衡，然而“人”这个因素成了最强劲的催化剂。随着工业化进程的加快，人类活动的参与加速了全球碳循环的过程，使得全球碳循环具有新的特点。主要表现在：**被矿化的碳被人类挖掘后作为燃料或者工业生产原料使用，会大量释放出二氧化碳到环境中**；另外，人类不断地毁林开垦造成土地利用方式的改变，使储存在森林植被和森林土壤中的二氧化碳大量释放出来，**返回环境中的二氧化碳又通过生产过程重新被植物利用**。除人类活动消耗外，一部分矿化的碳还会通过火山爆发、地震及岩石风化等自然过程返回到环境中。

现在，关于碳循环我们来算一笔账：

在最近10年间（2009—2018年），基于能源统计和水泥生产数据的化石二氧化碳年排放量为90亿~100亿吨碳，以砍伐森林为主的土地利用变化二氧化碳年排放量为8亿~22亿吨碳，陆地生态系统年吸收二氧化碳为26亿~39亿吨碳，海洋年吸收二氧化碳为19亿~31亿吨碳，大气中的二氧化碳浓度年增长速率为48.80亿~49.20亿吨碳。

账是算完了，但是出现了一个难解的问题，全世界的科学家算来算去，这笔账总是收支不平衡。这就是**“碳失汇之谜”**，碳失汇计算公式如下：

**碳失汇**=**碳源**（化石燃料+土地利用变化等排放量）-**碳汇**（陆地生态系统+海洋吸收量）-**大气**二氧化碳浓度的增加量

即：**大气**二氧化碳浓度的增加量=**碳源**（化石燃料+土地利用变化等排放量）-**碳汇**（陆地生态系统+海洋吸收量）

理论上，在某段时间内，大气中二氧化碳浓度的增加量，应该等于向大气中排放的二氧化碳数量（碳源），减去吸收的二氧化碳数量（碳汇），也就是说，全球排放和大气、海洋、陆地之间的碳循环是平衡的。但是科学家发现，根据全球大气浓度监测结果，碳排放、碳吸收测算数据存在一个失衡值，每年平均有 0.40 ~ 1.80GtC 的二氧化碳吸收去向不明。这就是“碳失汇”或“碳黑洞”问题。在全球碳循环研究中，碳失汇问题一直是科学家不断探索的世界性科学难题，一些发达国家更是集中了一大批优秀的科学家从大气成分监测、二氧化碳的地气交换以及模型模拟等不同角度开展大量研究，试图揭开碳失汇之谜。

为什么会形成碳失汇呢？很可能是人们低估了陆地生态系统，特别是森林生态系统的碳吸收能力，或者高估了某些能源消耗过程及工业生产过程的碳排放。这是最重要的两条解谜之路，我们更愿意相信是人类低估了森林的力量。这有待于大家去揭秘，也许下一个诺贝尔奖会因此诞生。

# 第二节
# 地球的呼吸：碳与气候

早在1896年，二氧化碳浓度与大气温度之间的关系问题就被一位瑞典的诺贝尔化学奖得主斯凡特·阿伦尼乌斯（Svante Arrhenius）作为假设提出。他首次计算了二氧化碳对气候的影响关系，即大气中二氧化碳的含量翻番，气温就会上升5~6℃。

当年的假设早已成为残酷现实。工业革命以前，碳在大气、海洋、陆地生态系统三个碳库之间的循环处于平衡状态，大气中二氧化碳的浓度也维持在一个较为稳定的状态，大气碳库的大小约为560GtC。但是18世纪工业革命以后，以蒸汽为动力的工业迅速发展，大量化石燃料燃烧、水泥生产等人类活动将储存在岩石圈碳库和化石燃料中的碳排放到大气中，再加上滥伐森林使部分储存在土壤和生物中的有机碳通过微生物分解释放到大气中，最终导致大气中二氧化碳的浓度迅速增长。打破了大气、海洋和陆地三个碳库之间的动态平衡关系，这样就引发了大家天天念叨的一个令人担忧的问题——地球温室效应，导致全球气候变暖。这基本上成了好莱坞灾难大片中引发世界末日的罪魁祸首。

## 一、地球温室效应

温室效应指太阳短波辐射可以透过大气射入地面，而地面吸收太阳辐射增暖后会发出长波辐射，将热量传递到地球外，而大气层中的二氧化碳及其他温室气体可以吸收地面发出的这些长波辐射，并部分返回给地面，使地球表面的温度不断升高，形成地球温室效应（图 1–6）。这就好比是一个蔬菜大棚，

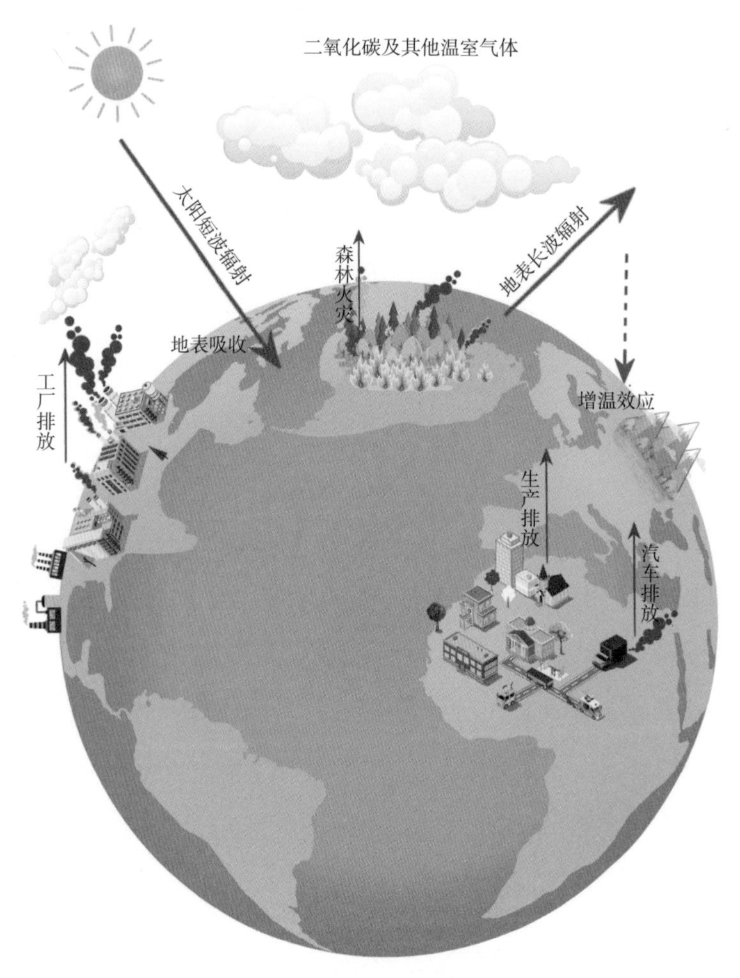


图 1–6　地球温室效应示意图

大气层中的**“温室气体”**成了那层塑料膜，万物尽笼罩在其中。

1997 年在日本京都召开的《联合国气候变化框架公约》(UNFCCC) 第三次缔约方大会 (COP3) 上通过的，旨在限制发达国家温室气体排放量以应对全球气候变化的国际法律文书《京都议定书》规定了六种主要的温室气体，它们分别为：二氧化碳 ($CO_2$)、甲烷 ($CH_4$)、氧化亚氮 ($N_2O$)、氢氟碳化物 (HFCS)、全氟化碳 (PFCS)、六氟化硫 ($SF_6$)。这六种温室气体对地球的增温影响大小可以用两个指标来衡量，分别是**全球增温潜势** (Global Warming Potential，GWP) 和**增温效应 (Warming Effect)**。我们要通过这两个指标来比价与衡量，如果治理温室气体要“擒贼先擒王”，那么这个增温的“大王”是谁?

全球增温潜势指单位重量的某类气体在一定时间范围内与二氧化碳相比而得到的相对辐射影响值，用于评价相同重量的不同气体对于吸收外逸热红外辐射 (地球增温) 的作用大小。以二氧化碳的 GWP 值为 1 作为标准，在 100 年的时间区间内，甲烷、氧化亚氮、氢氟碳化物、全氟化碳、六氟化硫的增温潜势值分别为 21、296、11700、5700、22200 (表 1-1)。以六氟化硫为例，意即为相同重量的六氟化硫对地球增温效益是二氧化碳的 22200 倍。

全球增温效应指某类气体 (考虑该类气体的含量) 在一定时间范围内对于地球增温的贡献大小，以百分比表示。在 100 年的时间区间内，二氧化碳、甲烷、氧化亚氮、氟化气体 (包括氢氟碳化物、全氟化碳、六氟化硫) 的全球增温效应分别是 63%、15%、4%、18%。由此可见，二氧化碳全球增温潜势虽然小，但由于它们在大气中含量巨大，其全球增温效应达到 63%，所以导致地球温室效应和全球气候变化的最主要温室气体还是二氧化碳。可以说，二氧化碳是全球气候变暖的“罪魁祸首”。

表 1-1　六大主要温室气体种类

| 主要温室气体种类 | 增温效应（%） | 增温潜力（GWP） | 生命期（年） | 用途、排出源 |
|---|---|---|---|---|
| 二氧化碳（$CO_2$） | 63 | 1 | 50 ~ 200 | 化石燃料的燃烧等 |
| 甲烷（$CH_4$） | 15 | 25 | 12 ~ 17 | 农业（稻作、家畜的肠内发酵）、废弃物填埋、污水处理等 |
| 氧化亚氮（$N_2O$） | 4 | 298 | 114 ~ 120 | 农业（家畜的排泄物、土壤）燃料燃烧、废弃物燃烧、污水处理等 |
| 氢氟碳化物（HFCS）<br>全氟化碳（PFCS） | 11 | 1430<br>7390 | 13.30<br>50000 | 空调和冰箱等的制冷剂、化学物质、半导体的制造过程等 |
| 六氟化硫（$SF_6$）及其他 | 7 | 22800 | 3200 | 电器的绝缘体等 |

注：来源于 IPCC 第五次报告。

# 二、二氧化碳影响气候变化

这么重要的事是否有人来操心呢？有，那就是**政府间气候变化专门委员会**（Intergovernmental Panel on Climate Change，IPCC）。

IPCC 是在联合国麾下由世界气象组织（WMO）和联合国环境规划署（UNEP）在 1988 年联合建立的政府间机构，是国际上公认最权威的气候变化科学评估组织，其主要任务是在全面、客观、公开和透明的基础上，对气候变化科学认识、气候变化影响以及适应和减缓气候变化对策进行科学评估，一般每六年左右发布一次评估报告。自 1990 年发布第一次评估报告以来，至 2014 年已经发布了五次评估报告。第六次评估报告将于 2021 年发布。五次评估报告都直接推动了国际气候谈判的进程，并对国际公约的签署，国际气候治理机制的建立、完善与发展发挥了非常积极的作用。

IPCC 第五次评估报告（2014 年）显示，2011 年，全球大气中温室气体当量浓度达到了 430ppm（1ppm 表示每立方米空气中该气体浓度为 1 毫升），其中二氧化碳浓度达到 391ppm（每立方米空气中二氧化碳浓度达到 391 毫升），比工业化前的 1750 年高了近 40%。并且，据全球大气本底观测站的数据，2018 年，全球大气二氧化碳年平均本底浓度达 407.8 ± 0.1ppm（图 1–7）。与此同时，1850—2012 年，全球几乎所有地区都经历了地球增暖的过程，全球陆地和海洋表面均温升高了 0.85℃。这表明大气二氧化碳浓度与全球平均温度保持着相同的变化趋势，可以这么说，二氧化碳控制着气候的变化。

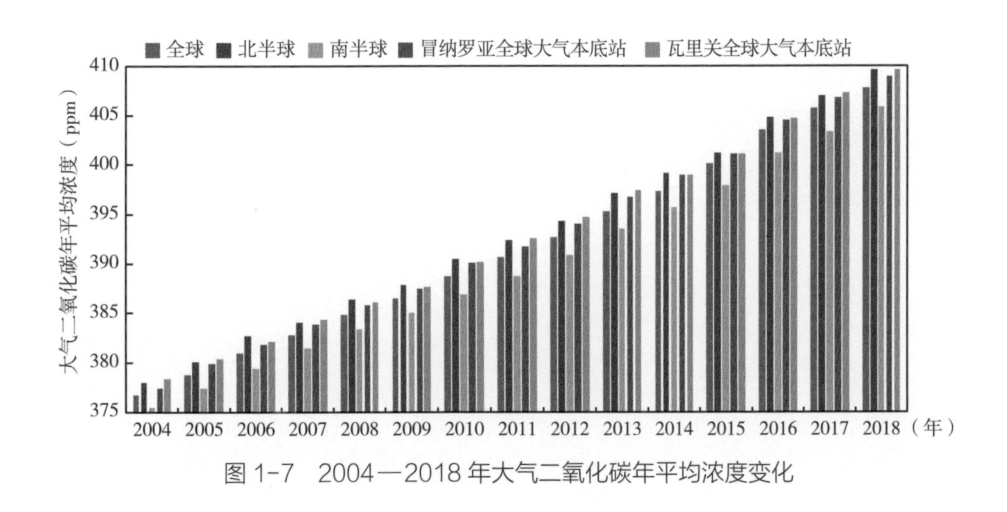

图 1-7　2004—2018 年大气二氧化碳年平均浓度变化

IPCC 第五次评估报告（2014 年）再次阐明关于气候变化的七个科学问题[4]：

（1）更多的观测和证据证实全球气候变暖。

（2）确认人类活动和全球变暖存在因果关系。

（3）气候变化已对自然生态系统和人类社会产生不利影响。

（4）未来气候变暖还将持续。

（5）未来气候变暖将给经济社会发展带来越来越显著的影响，并成为人类经济社会发展的最大风险。

（6）如不采取行动，全球变暖将超过4℃。

（7）要实现在21世纪末2℃升温的目标，必须及早实施全球长期减排路径。

## 三、碳已成灾：全球气候危机

二氧化碳浓度增高，全球气候不断变暖，冬天没有那么冷，夏天反正有空调，有那么糟糕吗？远远比我们能想到的更糟糕！气候变暖会引起全球极端天气和灾害事件频发，如冰川消融、海平面上升、许多生物灭绝、极端高温干旱、极端低温冰雪、暴雨洪水、泥石流、风暴潮、沙尘暴等。想一想电影《后天》描述的温室效应带来全球变暖，引发的地球空前灾难，人们也许会想，这只是电影虚构，但越来越多现实中发生的灾难正趋向于《后天》中的描述。

可怕的是，由于世界经济的快速发展，当前大气中二氧化碳浓度还在持续增加，未来气候将不断变暖。根据IPCC第五次评估报告预测，如果不采取有效的气候变化问题的应对政策和措施，2100年每年由化石燃料产生的二氧化碳排放量将达到350亿吨碳，这意味着，大气中二氧化碳的浓度将由现在的每立方米空气中约391毫升上升到2100年的大约750毫升。2019年的全球监测显示，大气中的二氧化碳浓度已达到每立方米空气中约407.80毫升，在全球都在关注控制排放的情况下，这8年间增加了16.80毫升。若到2100年时达到750毫升，全球地表平均温度比工业化前（1750年）将高3.70～4.80℃。将会怎样呢？

“6℃学说”认为：如果全球均温升高2℃，生物圈变化加剧，格陵兰冰河逐渐消失，大片冰层融化；如果全球均温升高3℃，亚马孙雨林将逐渐枯萎，阿尔卑斯山积雪全部消失，厄尔尼诺这种异常气候现象将成为常态；如果全球均温升高 4℃，上涨的海水将淹没人口稠密的三角洲，让 10 亿人无家可归，埃及会浸在水里，威尼斯将完全被淹没；如果气温在 100 年内升高 6℃，人类将面临全球性的毁灭，差不多就是世界末日。看来任由二氧化碳增加的后果不只是升高几摄氏度，觉得有点热的问题，而是一个哈姆雷特所焦虑的"生存还是毁灭"的问题。

看看极地冰盖融化的情况，其速度大大超过我们的预计。北极圈在短短两年时间里迅速"消瘦"了（图 1-8）。

中国的冰川也正在迅速消退。在过去的 50 年里，中国西北地区的冰川已经缩小了 21%，并正在以每年 10 ~ 15 米的速度消退。这样下去，到 2050 年中国西部冰川预计将减少 27%。要知道亚洲大部分的淡水由喜马拉雅山脉的冰川融化的雪水提供，因此后果不堪设想。再看看，冰川融化使得海平面不断上升。度假胜地马尔代夫的岛屿面积不断缩小，该国岛屿的平均海拔只有 1.5 米，

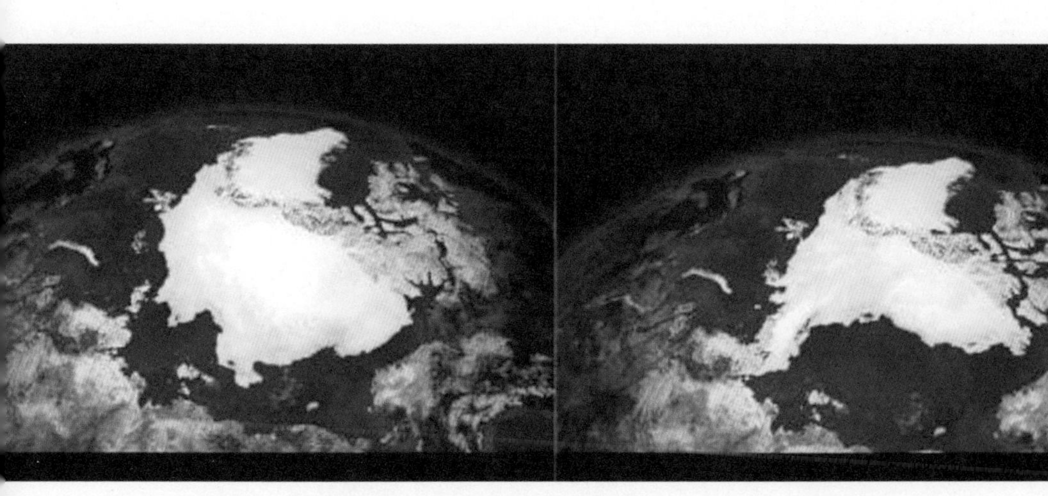

图 1-8　北极圈冰山在 2005 年 9 月和 2007 年 9 月的卫星图对比

Nasa 公版图片：https://www.nasa.gov/vision/earth/environment/arctic_minimum.html，Cole，S.（2007，September 25）Remarkable drop in Arctic sea ice raises questions from NASA Goddard Space Flight Center. Accessed September 26，2007.

要去那里看海、度蜜月的情侣要抓紧时间了！其他如圣布拉斯群岛等也受到同样的威胁。

上述岛屿似乎离我们还远了一些，那么就看看我们中国浙江沿海海平面上升的情况吧！近 30 年来，中国沿海海平面平均上升速率为 2.60 毫米 / 年。近 50 年来，浙江沿海海平面平均上升速率为 3.30 毫米 / 年，高于全国海域海平面平均上升速率约 30%。海平面的上升，意味着我们生存空间的减少。

选择生存下去的办法就是减少二氧化碳排放量，控制大气中的二氧化碳浓度。IPCC 第五次评估报告（AR5）提出了四种典型浓度路径情景（RCP），分别为严格减缓情景 RCP2.6、中度排放情景 RCP4.5 和 RCP6.0、高排放情景 RCP8.5，只有在采取减排力度最大的 RCP2.6（指到 2100 年时，相对于 1750 年的辐射强迫指数达到 2.6）情景下，才有较大可能抑制全球变暖趋势，并把升温控制在 2℃以内（图 1–9）。这是一条生命线，想生存，就要守住这条碳的“底线”。

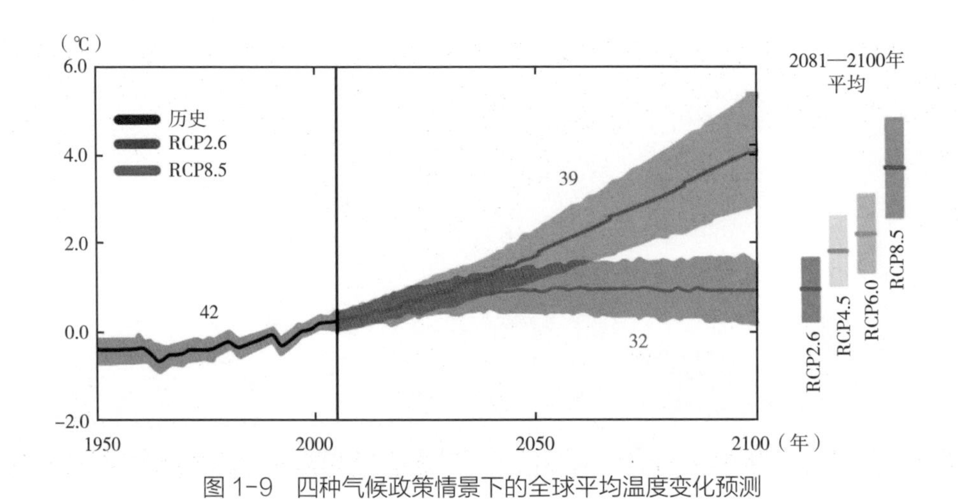


图 1–9　四种气候政策情景下的全球平均温度变化预测

此刻耳畔又响起了英国诗人约翰 · 多恩的名诗（李敖译）：

没有人能自全，
没有人是孤岛，
每人都是大陆的一片，
要为本土应卯。
那便是一块土地，
那便是一方海角，
那便是一座庄园，
不论是你的，
还是朋友的，
一旦海水冲走，
欧洲就要变小。
任何人的死亡，
都是我的减少，
作为人类的一员，
我与生灵共老。
丧钟在为谁敲，
我本茫然不晓，
不为幽明永隔，
它正为你哀悼。

# 第三节　潘多拉的盒子：二氧化碳的释放与控制

## 一、二氧化碳的释放

古希腊神话中的美女潘多拉打开了一个盒子，却从此放出灾难到人间。而现实呢？温室效应这只潘多拉的魔盒已经打开，那些看不见的二氧化碳如不被有效控制与利用，就将成为灾难的源头。如何关上潘多拉的盒子呢？首先要找到这只盒子，那就是排放源。大气中二氧化碳浓度不断升高，排放源究竟来自哪里呢？

（1）**地质变化释碳。**由于火山爆发、地震以及岩石风化等自然过程，部分岩石圈中的碳自然释放返回到大气中。这部分碳释放不是人为造成的，大自然原本是可以毫无压力地实现碳循环的平衡的。

（2）**生物质释碳。**由于森林采伐、森林火灾、秸秆焚烧、生物体分解和土地利用方式变化（如毁林开荒、农林地变为建设用地）等，陆地生态系统特别是森林生态系统（植被、土壤）中的碳释放到大气中。这部分释放就与人类活动息息相关了，从人类刀耕火种开始就加速着生物质释碳过程。

（3）**工业过程释碳。**工业生产过程含碳原材料的使用，会造成大量二氧化碳的释放，如水泥和石灰生产既要消耗大量的能源，引起碳排放，又会消耗大量的碳酸钙（$CaCO_3$），碳酸钙分解后也会产生大量的碳排放。

**（4）化石燃料释碳。**由于工业生产和人类生活活动，过度开采和使用化石燃料（煤、石油、天然气），岩石圈（化石燃料库）中储存的碳被大量转化成气态碳释放到大气中。

**人为活动引起的化石燃料燃烧、土地利用变化正是导致大气中二氧化碳浓度升高的最主要因素。**

18 世纪中叶，英国人瓦特改良了蒸汽机，工业革命开始。从第一台改良蒸汽机向天空奋力吐出二氧化碳起，无数机械陆续登场。那么，我们人类到底排放了多少碳呢？根据 IPCC 第五次评估报告，近 50 年来，人为温室气体排放持续增长，约 78% 的排放增长来源于化石燃料燃烧和工业过程所排放的二氧化碳。以 2010 年为例，全球共排放 490 亿吨二氧化碳当量，其中，34.6% 来自能源供应部门（电力和热能生产部门 25.0%，其他能源 9.6%），21.0% 来自工业部门，14.0% 来自交通部门，6.4% 来自建筑部门，还有 24.0% 来自土地利用部门（图 1–10）。看看图就一目了然了。

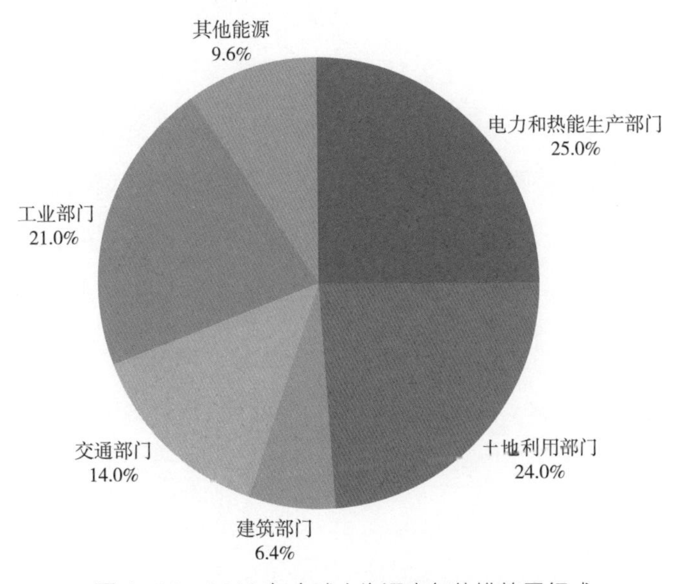


图 1–10　2010 年全球人为温室气体排放量组成

## 二、二氧化碳的控制

那么我们只能看着二氧化碳越来越多吗？有没有什么办法可以控制或降低大气中的二氧化碳浓度，从而减缓全球气候变化呢？办法总比麻烦多，我们主要可以采取的措施和手段有三种：**直接减少排放**、**人工固定封存**、**生物固碳减排**。

（1）**直接减少排放。**这个办法谁都能理解，就是直接控制和减少工业生产过程和生活过程中的温室气体排放，如通过改善能源结构、降低能耗水平、低碳节能生活等，来减少化石燃料的使用。这是一种最直接有效的控制二氧化碳浓度的措施，但能源的使用与社会生产和人们的生活方式密切相关，这就涉及不同国家和地区的经济利益和社会发展，由于世界各国的发展很不平衡，在履行中就会遇到各种制衡、阻力和困难。

（2）**人工固定封存。**人工固定封存也称“碳捕获”与“碳封存”措施。确实有这样的机器可以在工业生产或化石燃料燃烧引起二氧化碳排放过程中，对二氧化碳进行抓获封存（图 1-11），即采取人工技术手段，将生产过程或大气中的二氧化碳气体捕获并封存在岩层或海底，从而达到减少二氧化碳浓度的目的。可想而知，这种措施的技术难度较大，需要高昂的设备成本，一处捕获装置点位也难以覆盖大范围地区，更何况这种捕碳的机器自己也还会排放碳。在目前看来，大面积推广不仅存在一定的技术障碍，也存在着成本效益方面的问题。

（3）**生物固碳减排。**生物固碳也称生物碳封存，指陆地生态系统植物通过光合作用吸收固定二氧化碳并把它储存在植被、土壤和林木产品中，从而降低大气二氧化碳浓度的活动和过程。这个方法看来是最为经济有效的，生物固碳的法宝就是植物，特别是森林植物。

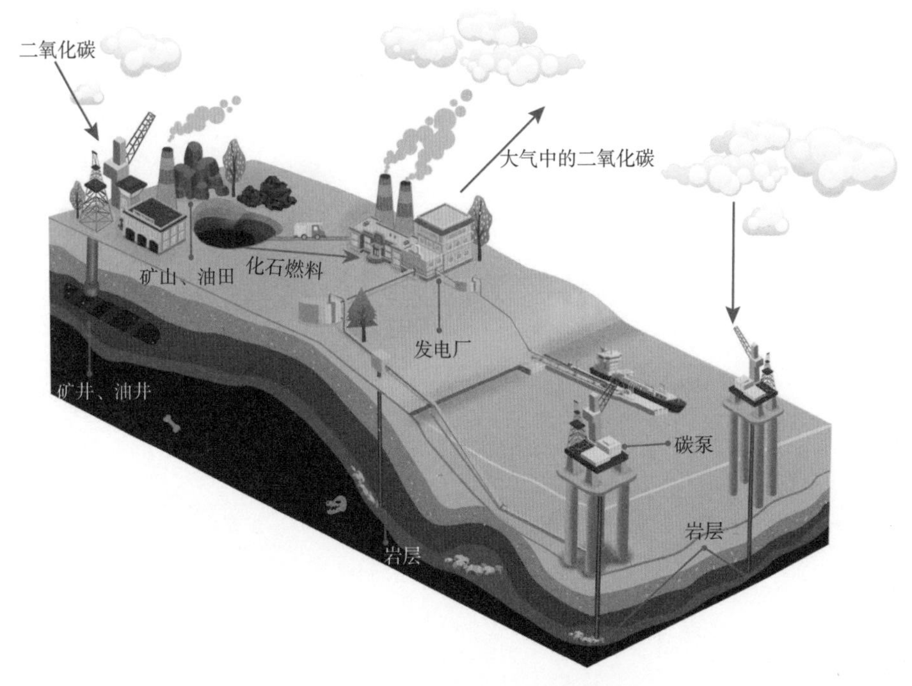


图 1-11 人工碳捕获与碳封存示意图

来看看我国的陆地生态系统碳储量的情况：从土地植被覆盖类型上分，陆地生态系统可以分为森林、农田、草原、湿地、荒漠等生态系统，这些类型中国都有。中国陆地生态系统总储碳量约为 792.40 亿吨，其中森林 308.30 亿吨、灌丛 66.90 亿吨、草地 254.00 亿吨、农田生态系统 163.20 亿吨（图 1-12）。

在陆地生态系统中，约 82.9%的碳存储在土壤碳库中（以 1 米的深度计算），16.5%存储在植被生物量碳库中，而枯落物碳库占 0.6%。中国陆地植被碳储量约为 149.90 亿吨，其中，森林植被约为 78 亿吨、草地植被约为 21 亿吨、灌丛植被约为 34 亿吨、农田植被约为 9.50 亿吨、荒漠植被约为 4.90 亿吨、湿地植被约为 2.50 亿吨[5]。

几组数据看下来，植被碳储量中，森林最为重要，不仅数量大，而且储存时间长。

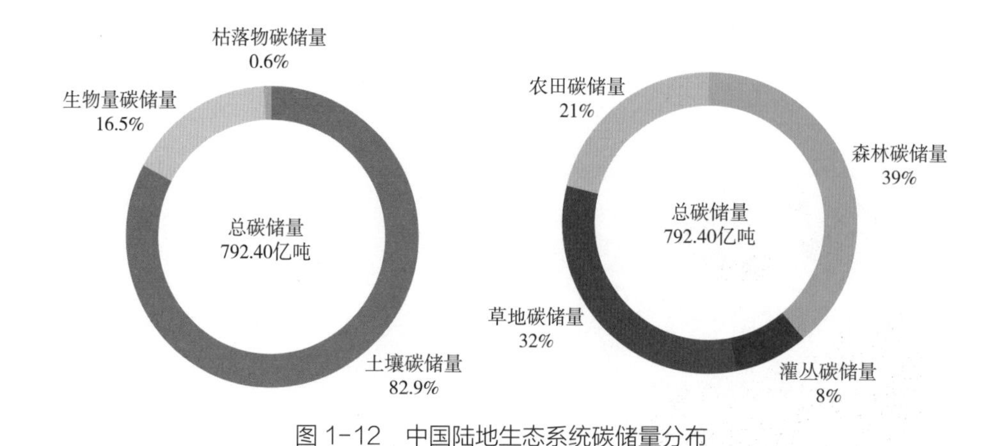


图 1-12　中国陆地生态系统碳储量分布

## 三、地球之肺：森林碳循环

对人类来说，森林是熟悉而陌生的。我们从小听的故事与童话大多数都与森林有关，也许在人类记忆的深处，森林是我们最初的家园和归宿，我们的先祖之一的有巢氏不就是生活在森林里吗？如果没有森林，河姆渡遗址至今可见的木质干栏式建筑将去何处取材？但是我们真的了解神秘的森林吗？

森林是陆地生态系统的主体，面积巨大，在固碳减排和全球碳平衡中起着重要的作用。2020 年全世界平均的森林覆盖率（森林面积与土地面积的百分比）达到 30.8%（世界粮农组织，2020），森林生态系统碳储量占全球陆地生态系统碳储量的 57%，而且森林每年的碳固定量约占整个陆地生物碳固定量的 2/3[6]。根据第八次（2014 年）中国森林资源清查结果，中国拥有 2.08 亿公顷森林和 151.37 亿米$^3$的活立木蓄积量，中国森林生态系统总碳储量达到了约 78 亿吨。森林生产力水平最高，单位面积森林的碳储量为农田的 20 ~ 100 倍，具有强大的固碳能力。这是上苍惠赠给我们人类的珍贵礼物！

但是森林固碳是一种复杂的生命物质转化和能量转化过程，涉及植物光合、植物呼吸、植物分解等多个环节，影响到森林生态系统各个碳库和大气碳库之间的碳交换。一方面，森林植物通过光合同化作用，将大气中的二氧化碳吸收固定在森林植被和森林土壤中，形成巨大的碳汇；另一方面，森林中动植物和微生物的呼吸、林木生物质燃烧分解、枯枝落叶的分解氧化等过程，又会向大气中排放二氧化碳，森林也是碳的释放源。就这样，形成复杂的森林生态系统碳循环过程（图 1-13）。

图 1-13　森林生态系统碳循环示意图

森林植被碳库与大气碳库之间的碳交换通过树木的光合作用和呼吸作用进行。光合作用即森林植物利用叶绿素等光合色素和某些细菌利用其细胞本身，在可见光的照射下，将二氧化碳和水转化为储存着能量的有机物，将光能转变为有机物中的化学能，并释放出氧气。呼吸作用分为自养呼吸和异养呼吸两大类。自养呼吸指植物的各类活动，包括组织生长、细胞膜的修复、养分吸收与运输等消耗能量并释放二氧化碳的过程；异养呼吸指微生物降解土壤和植物残体有机碳，消耗能量并释放二氧化碳的过程。

其实，**树木的生长过程就是光合作用大于呼吸作用，碳不断吸收、积累和释放的过程**。这个道理或许人人知道，但是一棵树到底吸收了多少碳，又吐出了多少我们赖以为生的氧气呢？树木木材的主要成分纤维素、半纤维素和木质素中均含有大量的碳，一般树木各器官的平均含碳率（单位烘干重生物量中碳的含量）为 0.43 ~ 0.58，也就是说 1 吨干重木材中含有 0.43 ~ 0.58 吨碳，树木每生长 1 米$^3$，就可以吸收 1.83 吨二氧化碳，释放 1.62 吨氧气，类似人类的肺一样，不断地进行着二氧化碳和氧气的交换。你看，树，是多么了不起啊！

森林植被碳库、森林土壤碳库和大气碳库之间的碳交换同时也在通过植物器官凋落腐殖化和微生物分解进行。植物凋落或死亡后，生物体所含碳转移到土壤中，形成土壤有机碳，而一部分土壤有机碳经动物、微生物分解又释放到大气中，另一部分土壤有机碳通过淋溶和径流进入水体或海洋。

此外，还有一种碳交换发生在森林植被碳库、林木产品碳库和大气碳库之间，即树木变成了木材，被做成了各种林产品，使一部分生物量碳转移到林产品碳库。最终的林产品碳库的碳经过燃烧、分解又释放回大气。

构成这个世界所有生命的基本物质是碳，可以说，碳的循环带动着地球生命的循环与发展。可是人类打破了碳循环的平衡，越来越多的二氧化碳成为对所有生命的威胁。解决这一威胁最为经济有效、生态环保的方式就是“森林固碳”。森林在调节大气二氧化碳浓度、缓减气候变化中发挥着重要作用。同时森林在生长固碳的同时，还可以发挥出多重协同效益，如释放氧气、净化空气、防风滞尘、涵养水源、减少水土流失、保护生物多样性、美化区域环境、为人们提供丰富的林副产品等经济、生态和社会效益。

森林中的植物种类千千万万，它们对付二氧化碳的能力也千差万别，那么再继续深入探究的话，有没有一款植物能够脱颖而出，在吸碳和固碳方面禀赋异常、能力强大、首屈一指呢？当然有，那就是一种中国人无人不知的植物——竹子。

竹子是一种十分重要而特殊的森林植物类型，资源丰富、分布广泛、利用方便，与人类生活密切相关，竹林也被称为“世界第二大森林”！那么竹子在固碳减排中到底有什么特点、起到多么大的作用呢?

下一章，让我们一起进入神奇的竹子王国，讲讲竹与碳的前世今生。

# 第二章
# 识竹问碳

竹本固，固以树德，君子见其本，则思善建不拔者。

——白居易《养竹记》

# 第一节 固定在竹子中的文明

我国是世界上竹林资源最为丰富、分布面积最广的国家，开发利用竹资源的传统与文化源远流长。竹子因其特殊的美学形态和自然属性，成为中国文化经典的载体。国学大师陈寅恪先生认为，中华文化是“竹子的文化”；英国科技史专家李约瑟博士也认为，中华文明是“竹子的文明”。

苏东坡说“宁可食无肉，不可居无竹”，郑板桥笔下挥洒的墨竹，丝竹管弦奏出的绕梁之音，还有中国人集体人格中的“君子气节”，这些都构成了“竹子的文化”。而所谓“竹子的文明”首先是基于竹子几千年来为中华民族所不断提供的物质基础。中国的文字在很长一个时期被书写在竹简上，假如没有竹子,《论语》《老子》《诗经》《楚辞》《史记》等无数中华文化何以传承？即使是造纸术被发明以后，竹子依然是造纸的重要材料。从书写工具到战争武器，从建筑材料到劳动和生活工具，竹子无所不能、无处不用。而这一切源自何？物质基础为何？了解过第一章内容，我们就会知道，那是因为竹中的“碳”。正是竹子强大的固碳能力，才让它取之不尽、用之不竭。

我们从科学与文化两个角度观察，可以这样说，竹子中被固定下来的二氧化碳也就成为中华文明的载体。

# 一、似草似木的竹子

如果我们认真地观察和了解一下竹子，就会发现这种司空见惯的植物其实很有个性。我们从来都把成片的竹子称为“竹林”，不是只有树木才称“林”的吗？这些漫山遍野高大的竹子似乎属于木本。可是你说它是木，却没有其他树木横断面的年轮，竹子里面空空如也；说它是草，又觉得这草未免也太“高大强”了。其实，竹子被植物学家列入了禾本科，在禾本科大家族中命名为“竹亚科”，大家熟悉的水稻、小麦、高粱等都是竹子的近亲，但竹子的体型却往往是它们的几倍甚至几十倍。全世界目前的竹林面积约 3100 万公顷，种类有 1642 种。主要分布在热带及亚热带地区，少数分布在温带和寒带。这可以看出竹子的习性，它们喜欢温暖湿润的气候条件。一般年平均温度在 12～22℃、年降水量在 1000～2000 毫米的地区最适宜竹子生长。

竹子本身最特殊的形状特点是外部有节而内部中空，中华民族把竹子列为“梅兰竹菊四君子”之一，就是用这个特点来象征君子品格当中的“谦虚、有气节”这两个要素，并将这两个要素升华为中华民族的品格特征。

也正是竹子外部有节而内部中空的形态，让竹子的生长速度特别快。竹笋的顶端分生组织和居间分生组织分生能力极强，生长迅速，所谓“雨后春笋”，笋芽破土而出，三个月内即可成竹，有“三日掀石、十日齐墙、百日凌云”之说。并且竹子的营养生长和无性繁殖能力很强，一次种竹后，如果按照竹子生长发育规律进行科学的经营管理，竹林可持续生长几十年而不衰退，可以源源不断地提供竹笋、竹材供人类利用。这说明竹子不仅有“个性”，还有“共性”，它们集群生长，繁殖力强，对人类大有贡献。

## 二、源远流长的竹子

竹子生于天地间，原本自生自灭，当它被人类发现、利用后，竹子就产生了“文化”，而被竹子固定在体内的二氧化碳也就具有了“文化”的意义与价值，并且这个过程可不短。上一章中我们提到，2010 年诺贝尔物理学奖被授予石墨烯材料的研究者。这种革命性的新材料被英国科学家发现于 2004 年，也就是说石墨烯的“文化”史的总长度还不到 20 年。而根据考古与文献记载，中国人与竹子结缘的历史，即竹文化的历史起码有 6000 年以上。

### 1. 远古时代始萌芽

中华文化发源的两个中心黄河流域与长江流域，正处在竹林生态区域之内。早在石器时代，我们的先民在创造和使用石器工具的同时也必然同时利用了竹与木。比如削竹为器捕鱼，或用竹作为日常生活所需的燃料等。在仰韶文化中发现了关于竹子使用的记载。在约 6000 年前的黄河中游地区仰韶文化遗址中就发现了关于竹子使用的记载，出土的陶器上可辨认出“竹”字符号。在 7000 年前的浙江余姚河姆渡遗址中也发现了竹子的实物。说明在此之前，竹子已为人们所研究和利用。到了前 16 世纪—前 11 世纪，河南安阳殷墟出土的甲骨文字中出现了以“竹”为部首的文字。文字是人类用来记录语言的符号系统，是文明社会产生的标志。由此竹子开始深刻地影响了中国的文字、文学、艺术、宗教、风俗、生产以及日常生活，其影响的深度和广度毫不逊色于其他任何重要的物质，以至于积淀成为源远流长、内涵丰富的中国竹文化。

### 2. 春秋战国乃形成

西周至春秋战国时期竹简的出现标志着竹文化的形成。在纸张尚未发明之前，人们在竹片上书写，这种竹片被称为“竹简”。竹简是汉字的重要载体，正是由于竹子材料的广泛易得、价格低廉。西周时期出现了专门从事竹加工的“簝笆工”樊氏。春秋时期郑国将刑书刻在竹简上，称为“竹刑”。《庄子》中写了一位叫惠施的人外出讲学，随身要带上五车书简，从此就有了“学富五车”的成语。孔子读《周易》认真入迷，“韦编三绝”，穿竹简的绳子断了三回。后来秦始皇也是每日批阅堆积如山的竹简奏章。一大批古籍如《尚书》《礼记》《论语》《孝经》，正是通过竹简保存下来的。1972 年在山东临沂银雀山 1 号汉墓出土的近 5000 枚竹简中发现了《孙子兵法》。2012 年，银雀山汉墓竹简中的《孙子兵法》被评为“中国九大镇国之宝”之一（图 2–1a）。

此外，中医学源远流长，人们对竹的药用价值与药理作用，在 2500 多年前的春秋战国时期就已经有了系统的认识。当时的医学家将竹子的不同品种，以及竹子的枝、干、叶、根、实及其寄生或附生菌的药用价值与药理作用加以区别和分析，并组合了成百上千种方剂（图 2–1b）。

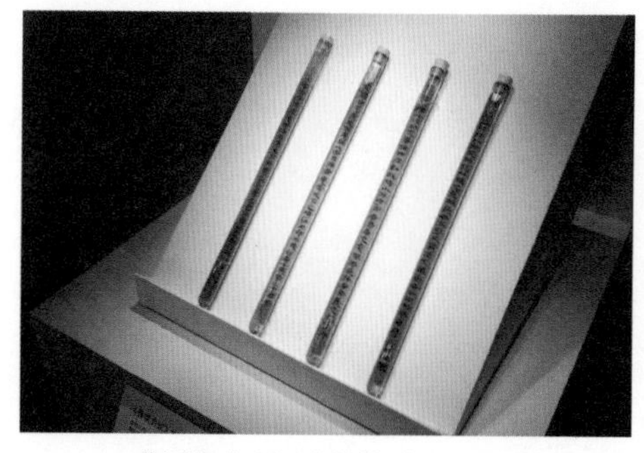

a. 临沂银雀山汉墓竹简《孙子兵法》

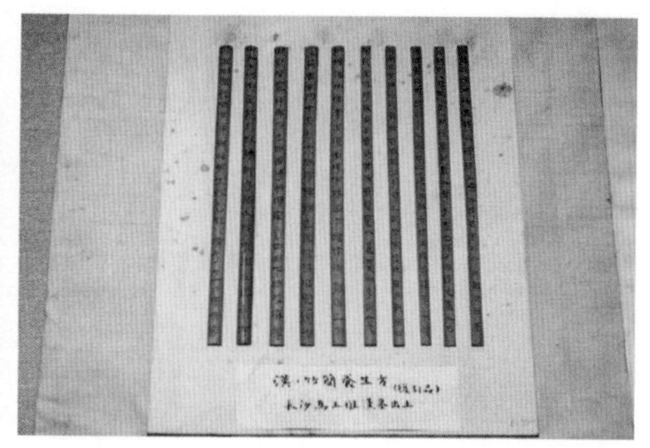

b. 长沙马王堆汉墓竹简《养生方》

图 2–1　竹简

### 3. 两汉魏晋成大材

这一时期，作为文字的载体，竹简逐渐被纸张取代了，然而竹文化仍然蕴藏其中。纸张的发明是中国对世界的重大贡献之一。汉代开始出现造纸，而晋代开始用竹造纸，竹纸的出现是竹文化当然也是纸文化成熟的重要标志。竹子变换了一种形式继续成为我们文明的承载物。竹子也被运用于最高的权力，在汉代有“竹使符”出现，作为传令用兵的凭证。《史记》中就有“铜虎符发兵，长六寸；竹使符出入征发”的记载。此一时期的中国人也开始对竹进行深入的文化研究。先秦《诗经》《山海经》《尚书·禹贡》等都记述了中国古代竹子的分布、特性、用途，汉代司马迁在《史记》中还谈到了竹的经济价值。若说先秦两汉时期人们对竹的研究还比较零散，那么真正意义上系统研究竹子的专著则出现在晋代，那就是戴凯之的《竹谱》。作为第一部竹专著，《竹谱》记述了70多种竹子的形态特征、习性和分布范围，标志着中国人对竹的认识已上升到较为完备的理论形态。《竹谱》的诞生是林学史上一个重要事件，同时也是竹文化史上的一个里程碑。与此同时，在精神层面上，“竹林七贤”所代表的魏晋风度也成为中国文化中最为潇洒的人文风景，千秋万世，令人神往。

**4. 唐宋明清达鼎盛**

自晋代《竹谱》问世之后，唐、宋、元、明、清历代对竹的研究越来越多，如宋代苏易简撰写的《纸谱》、宋代僧人赞宁撰写的《笋谱》，是我国历史上竹利用方面的专著。元代李衎的《竹谱详录》、刘美之的《续竹谱》、陈鼎的《竹谱》、高氏的《竹略》，是我国历史上竹文化方面的专著。此外，宋代苏轼的《格致粗谈》、元代王祯《农书》中的《月庵种竹法》、明代俞贞木的《种树书》、明代李时珍的《本草纲目》，都反映了中华民族对竹的认识与研究在不断地深化。

民以食为天，在中国南方的美味佳肴中，无法想象如果缺了一味竹笋会怎样。竹笋是普遍受人喜爱的美食，文献记载，远在两三千年前，竹笋已成为席上珍馔。经过唐宋明清的不断发展，竹笋烹饪的方法多种多样，炒、蒸、煮、煲、酢，随人所好。为了便于储存和运销，古人很早就摸索出了一套笋干制作技术，制成的笋干有淡干、咸干两类。在湖南人们把熏煮的大竹笋称为“素火腿”。此外，历史文献中记载了很多地方灾年饥民采竹实（竹米）充饥的事例。有些地方，竹实还被用来酿酒。

笋长成竹，堪当大任，它很早就进入了军事领域。在相当长的历史时期里，竹子是制作箭矢、弓弩的主要材料之一。“箭”本来就是一种竹名，因其主要用作箭杆，所以“弓箭”的“箭”以之为名。在岭南地区，古人不仅以竹作箭，而且以竹制刀、矛等。宋代高宗绍兴二年（1132 年），陈规发明用大竹制成枪筒以喷射火焰的火枪，是世界上第一次出现的原始管型火器。

所谓鼎盛时期，其实已经很难列举什么与竹相关的标志性事件，竹文化已经渗透于中国人生活文化的方方面面，并广泛涉及文学、绘画、音乐、工艺、园林、建筑、装饰、军事等领域。当时的古代文人，完全可以这样生活：早上卧睡于竹席，推开竹篱，头戴竹笠，乘竹筏于江上，手握竹竿，清溪垂钓，迎风吹笛；午后面对竹林，手握竹笔，案铺竹纸，画竹写竹，或以竹炉煮茶，以竹沥水、竹茶筅点茶；晚来于竹楼之上，“竹林七贤”，手持竹筷，杯酌竹酒，排开笋宴，丝竹管弦，竹诗唱和。逐渐地在中国文化史上，松、竹、梅成为“岁寒三友”；梅、兰、竹、菊又称为“四君子”。竹被赋予了很高的品格，均位列其中。

那么经历了唐宋元明清的鼎盛繁华之后，竹子在当下与未来还将如何进一步演绎？本书正是试图从科学的视角对竹子有全新的认识与理解，并让竹文化史向着更新、更超越的方向发展。这本书也许就是一种答案。

## 三、博大精深的竹子

经过了几乎与中华民族文明史等长的竹子的历史，也就形成了璀璨的中华竹文化，成为整个中华文化的重要组成部分。

### 1. 中华竹文化之核心

白居易在《养竹记》中这样写道：

竹倾贤，何哉？竹本固，固以树德，君子见其本，则思善建不拔者。竹性直，直以立身；君子见其性，则思中立不倚者。竹心空，空以体道；君子见其心，则思应用虚者。竹节贞，贞以立志；君子见其节，则思砥砺名行，夷险一致者。夫如是，故君子多树为庭实焉。

这篇千古文章中总结出了竹子的品性有“本固”“性直”“心空”“节贞”，将之比作贤人君子。另一位唐代文人刘岩夫在《植竹记》中写道：

劲本坚节，不受雪霜，刚也；绿叶萋萋，翠�浮浮，柔也；虚心而直，无所隐蔽，忠也；不孤根而挺耸，必相依以擢秀，义也；虽春阳旺，终不与众木斗荣，谦也；四时一贯，荣衰不殊，恒也。

他赋予竹子“刚”“柔”“忠”“义”“谦”“恒”等品格。中国人几千年来将竹的特性拟人化，因竹子中空则被赋予了虚怀若谷的品格，因竹的灵动身姿则被赋予了潇洒的性格，因竹的不畏严寒则被赋予了坚贞不屈的品格。“竹格”与“人格”的契合正是中国竹文化的核心。从郑板桥咏竹诗“咬定青山不放松，立根原在破岩中。千磨万击还坚劲，任尔东西南北风”到湘妃的“斑竹一枝千滴泪”都证明着竹子在中国人伦理关系中的道德特征。竹文化融合了中国儒家、道家、佛家的思想，折射出中华文化的整体光彩。

**2. 中华竹文化之特征**

可以说，竹文化是中华文化区别于世界上其他文化的一个重要标志。虽然世界上并非只有中国产竹，但中国形成了独一无二的竹文化，显示出中国文化的特色。一双竹筷是中餐区别于西餐的标记，一册竹简是古老中华文明传承的载体，一把竹扇是中国文人书生的身份标识，一管竹毛笔是中国书法的经典象征，一根竹笛是中国特有的民族乐器，一首咏竹诗是中国古典诗词中的经典，一幅墨竹画代表着中国画派的艺术成就……从吃穿住行到艺术审美，竹文化无不弥漫着经典中华文化的浓郁气息。正如苏东坡所说，竹与中华民族生活的关系真可谓“不可一日无此君”。竹子甚至与大熊猫一起构成了当今中国的象征符号。

# 第二节
# 竹子家族版图

## 一、竹子大家族

竹子是一个名副其实的大家族，这个家族遍布世界各地，全世界竹类植物约有 88 属 1642 种。在众多的竹子种类中，高矮粗细形态各异，形成了奇特而有趣的大家族和种质基因库。比如印度尼西亚的巨龙竹，那是最大的大块头，直径可达 30 厘米左右，高度可达 20 ~ 30 米，而且是上百株聚集成丛长在一起的。而白纹椎谷笹（白条赤竹）和菲白竹的植株非常矮小，菲白竹竹秆只有 10 ~ 30 厘米高，白条赤竹秆高 20 ~ 60 厘米，直径仅 0.1 ~ 0.2 厘米，叶片颜色鲜艳醒目，远看犹如一片草丛。还有与中国二十四孝之一的著名故事“孟宗哭笋”相关的孝顺竹；枝头犹如众多“之”字叠在一起的倭形竹；比较常见的毛竹（也称楠竹），是高大乔木状的；龟甲竹与佛肚竹是近亲，都是“大胖子”；而方竹会告诉你：谁说竹子一定是圆的？种类繁多的竹子见图 2–2 至图 2–11。

根据竹子地下茎的分生繁殖特点和形态特征，可将其分为三大类：单轴散生竹、合轴丛生竹和复轴混生竹。

图 2-2　菲白竹

图 2-3　凤尾竹

图 2-4　龟甲竹

图 2-5 巨龙竹

图 2-6 孝顺竹

图 2-7 倭形竹

图 2-8 白条赤竹（最小的竹子）

图 2-9 方竹

图 2-10　圣音竹（毛竹的变种）

图 2-11　螺节竹

### 1. 单轴散生竹类

单轴散生竹类比较普遍，平时比较多见。这种竹类具有明显的在地下延伸生长的地下茎，也就是竹鞭，竹鞭上有节排列，节上会生根。竹鞭每节着生侧芽，侧芽可以萌发成笋，出土后成竹，形成散生的地上立竹（图 2-12a）。

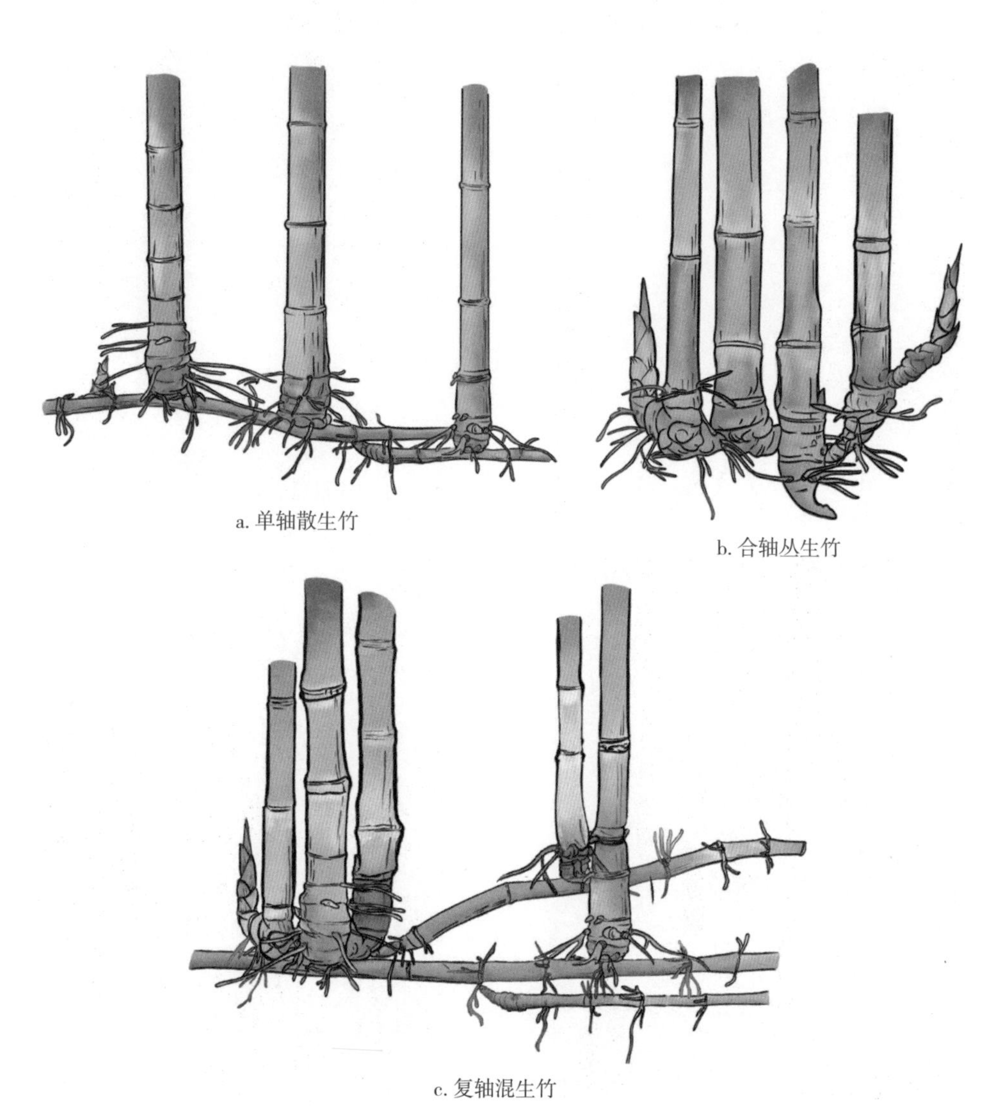

a. 单轴散生竹

b. 合轴丛生竹

c. 复轴混生竹

图 2-12　竹子的地下茎示意图

侧芽还可以发育成新的竹鞭，抑或呈休眠状态。与树木相比，竹鞭类似于横卧于地下的一棵树的“主干”，决定着一片竹林的兴衰，而笋竹则是由树的主干萌发的各条“主枝”，构成光合固碳的主体。为了使数量众多的“主枝”能够直立生长，获取更多的阳光和营养空间，“主干”竹鞭宁愿牺牲自己，横向匍匐于地下，这也体现出竹子顾全大局、勇于牺牲的“集体主义精神”。单轴散生竹的典型代表竹种有毛竹和雷竹。

毛竹属于禾本科刚竹属，是我国栽培历史最久、分布面积最大、加工利用用途最广、固定二氧化碳能力最强、对竹产业贡献也是最大的竹种，广泛分布于我国长江以南地区（图 2–13a、图 2–13b）。竹秆高 8 ~ 18 米，胸径 7 ~ 16 厘米，是优良的笋材两用竹种，既产春笋，又产冬笋，产量高而且味道鲜美，4 ~ 5 年生毛竹即已成熟可以采伐利用，竹材材性优良，适宜加工成各种竹板材和竹产品。

雷竹属于禾本科刚竹属早竹的栽培种，原产于浙江，是十分优良的笋用竹种（图 2–13c）。竹秆高 4 ~ 7 米，胸径 3 ~ 6 厘米，出笋期早，出笋时间长，其笋粗壮洁白，甘甜鲜嫩，味美可口，尤其适合鲜食，成为春节前后人们餐桌上的佳肴。为了让雷竹林提早出笋，人们经常会用砻糠或稻草进行人工覆盖，成熟竹秆采后也可用于制作晾衣杆、编制竹篱笆等。

**2. 合轴丛生竹类**

合轴丛生竹类呈团状分布，由竿基的大型芽直接萌发出土成竹（图 2–12b）。与散生竹生长特性的最大区别之处在于合轴丛生竹没有地下横走的竹鞭。丛生竹代表竹种是巨龙竹和孝顺竹等。

巨龙竹属于禾本科牡竹属，是世界上最大的丛生竹类，主要生长在东南亚国家和中国的云南等地，竹杆胸径可达 30 厘米，最高能长到 45 米高，相当于 15 层楼的高度，简直是竹子中的“巨无霸”，是珍稀特有竹种（图 2–14）。

孝顺竹属于禾木科刺竹属，其形状优雅、姿态秀丽，又名凤凰竹、蓬莱竹、慈孝竹，是丛生竹中分布最北的竹种（图 2–15）。

a. 毛竹林分

b. 毛竹地下鞭根

c. 覆盖雷竹林分

图 2-13　毛竹与雷竹

图 2-14　巨龙竹

图 2-15　孝顺竹

### 3. 复轴混生竹类

复轴混生竹秆基的节间较长，竹根两侧有芽眼，可以发育成为竹鞭，在地下横向蔓延生长，竹鞭上笋芽分化成竹，地上呈散生状；也可直接分化成竹，紧靠母竹，长成新秆，呈丛生状生长，因此复轴混生竹类有散生和丛生两

图 2–16　箭竹

种类型（图 2–12c）。复轴混生竹代表竹种是箭竹和菲白竹。

箭竹属于禾本科箭竹属，高 1.5 ~ 4 米，粗 0.5 ~ 2 厘米，其壁光滑，故又称滑竹。箭竹还是我国国宝大熊猫的主要食物来源（图 2–16）。

菲白竹与箭竹同科同属，是世界上最小的竹种，竹高 10 ~ 30 厘米，其中最高大者也只达 50 ~ 80 厘米，竹鞭粗只有 1 ~ 2 毫米，是非常好的观赏竹类（图 2–17）。

图 2–17　菲白竹

## 二、竹子遍世界

对竹子家族成员有了一个大致了解之后，我们来看一看竹子资源的地理分布区域。假设我们的竹子军团是对付二氧化碳的主力军，那么一定要事先搞清楚这支军团的兵力分布，这样我们才能运筹帷幄、决胜千里，知己知彼、百战不殆。

竹子对土壤水热条件要求较高，所以主要分布在热带及亚热带地区。根据竹类的不同地理分布，可将其在全球的分布划分为三大主要竹区，即亚太竹区、美洲竹区和非洲竹区。由于不同地区的立地条件差异和长期的地理隔离，三大主要竹区形成了各具特色的竹种资源。

（1）**亚太竹区**。亚太竹区是世界上最大的竹子分布区，地理分布范围为南至南纬 42 度的新西兰、北至北纬 51 度的库页岛中部、东至太平洋诸岛、西至印度洋西南部，亚太竹区竹子资源丰富，有 50 多属，共 900 多种竹类。根据最新的世界竹林分布研究结果，亚太竹区竹林面积占世界竹林总面积的 56.9%，达到 1780 万公顷。其中中国和印度是亚洲竹林面积最大的两个国家，分别为 628.50 万公顷和 559.10 万公顷。

（2）**美洲竹区**。美洲竹区的地理分布范围为南起南纬 47 度的阿根廷南部、北至北纬 40 度的美国东部，竹类资源较为丰富，有 20 多属，共 300 多种竹类。巴西、智利、秘鲁、厄瓜多尔四国竹林面积就达到 1040 万公顷，其中巴西是美洲竹区竹子资源最丰富的国家，有 232 种竹类，面积有 714.90 万公顷。

（3）**非洲竹区**。在现有分布区中，非洲竹区是竹子资源分布最少的，约有 14 属，共 50 种竹类，地理分布范围为南起南纬 22 度莫桑比克南部、北至北纬 16 度苏丹东部，形成了从西北到东南的一个斜长的分布中心。非洲大陆乡土竹种不多，但存在大面积的竹林分布，除了成片分布，竹林还与其他树种伴生形成混交林的中下层。非洲竹区竹林面积最大的国家是尼日利亚，有129.60万公顷。

## 三、竹子有王国

中国位于亚太竹区，是世界竹子的分布中心之一，竹子资源和种类最为丰富，分布面积也最广，竹子种类约占世界竹类种质资源的1/3，竹林面积约占世界竹林面积的20%。同时，中国又是竹子栽培历史最早、竹子加工利用最好的国家。因此，中国素有“世界竹子王国”之称。

除引种栽培的竹种之外，我国已知有37属，共500多种（含变种）竹种，特有竹分类群有10属，共48种，竹林现存生物量及竹材、竹笋的产量也都居世界首位。我国竹林主要分布在长江以南的15个省份（地区），2018年竹林面积达到635.00万公顷。其中重要竹子产地在江西、福建、湖南、浙江、广东、四川、安徽、广西八个省（区），合计竹林面积有562.90万公顷，占全国竹林面积的88.6%。而又以江西省竹林面积最大，有132.61万公顷，占全国竹林面积的21.1%（图2–18）（2018年国家林业和草原局统计年鉴）。

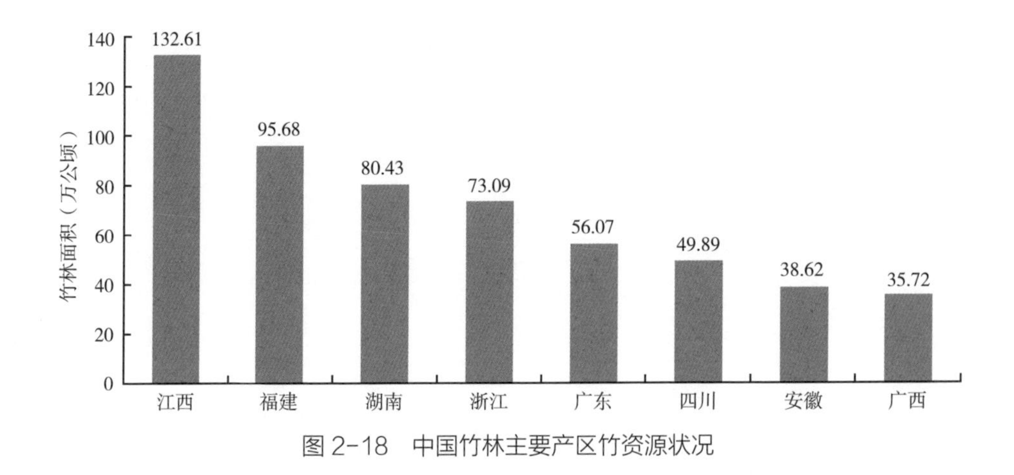


图2–18　中国竹林主要产区竹资源状况

早在1996年，原林业部将浙江临安、浙江安吉、福建建瓯、福建顺昌、湖南桃江、广东广宁、贵州赤水、安徽广德、江西崇义、江西宜丰评为“中国十大竹子之乡”。2006年，国家林业局重新评定“中国竹乡”，在原来10个的基础上增加到30个。这些竹子之乡个个都是山清水秀、人杰地灵的好地方（图2-19至图2-21）。现举几例：

2001年使李安导演蜚声国际的奥斯卡最佳外语片电影《卧虎藏龙》，其中李慕白与玉娇龙经典的“竹林斗剑”场景，就是在浙江安吉竹海中取景的。这也使得安吉的竹海闻名遐迩。“入山不见寺，深在万林中。游人看不见，岗翠拔空蒙”是对浙江安吉竹海的赞美。跟其他竹乡相比，浙江安吉的竹林分布面积最广，竹材的加工利用程度最高，竹材产值也最高。安吉竹林及其竹产业带动了一批又一批林农的脱贫致富，是“绿水青山就是金山银山”理念的发源地和最佳的实践阐述地。

江西宜丰竹乡是我国著名文学家陶渊明的诞生地，他所著的《桃花源记》成为每一个中国人为之神往的梦境。桃花源中那“良田美池桑竹之属”会不会就是按照他的家乡描绘的呢？这里有地球上同纬度原始森林封存最久、保护最好的保护区——国家级自然保护区官山，那是竹乡的宝藏，每年都吸引着大量的游客。

图 2-19　中国竹乡——浙江安吉竹海景观

图 2-20 中国竹乡——安徽广德竹海景观和特色竹扇

图 2-21　中国竹乡——四川宜宾蜀南竹海景观

# 第三节
# 竹子的价值

这么多的竹乡、竹林、竹资源，美则美矣，但竹子究竟能带来哪些效益？能产生多少价值？第八次全国森林资源调查结果显示，2014 年，中国已有 601 万公顷竹林，并且正在以年均约 15 万公顷的速度增长，为中国竹产业的发展提供了非常稳定的资源保障，也带来了巨大的效益和价值。

## 一、竹子价值的体现

### 1. 木材替代和资源保护价值

由于竹林独特的生物生态学特性，不断出笋，快速成熟，可以隔年采伐、持续利用。作为一种优良的可再生生物材料，每年可砍伐的竹子大约有 18 亿根，相当于木材资源的 20 多万米$^3$。到 2018 年，年采伐竹子达到 31.55 亿根，提供了我国约 22.5% 的材质资源，这样就可以大大减少对木材的砍伐利用。"以竹代木、以竹胜木"的理念及技术推广，十分有利于减少木材消耗，降低人们对于木材的依赖，有效地保护了森林植被和木材资源，为我国森林可持续发展和国家木材安全战略发挥了重要作用。在这一点上竹子可以说是功德无量。

### 2. 竹子经济利用价值

竹子可食可用，竹材易于加工，产品类型众多，仅中国就生产出各种竹产品3000多种，被广泛应用于建筑、桥梁、家具、汽车和日用品等各个领域，几乎无所不能，产生了巨大的经济价值。

同时，竹子从培育到加工，从游憩到文化，从简单制作到高值利用，适合形成很长的全产业链。据测算，一根原始价值15元的竹子，经过深加工和拓展应用，附加值可以达到60多元。自20世纪80年代以来，中国竹产业与花卉业、森林旅游业、森林食品业一起被评为了中国林业发展中的“四大朝阳产业”，而竹业是其中更具发展空间与开拓潜力的产业。近20年来，我国竹产业快速发展，到2018年，中国有竹产业企业4500多家，竹产业产值达到2346亿元，出口创汇20.80亿美元，甚至超过了茶产业产值。

### 3. 竹子生态效益价值

竹子价值还体现在多重生态效益上，竹子生长速度快，固碳释氧能力强，有利于水土保持，孕育了清洁的水源、清新的空气和宜人的气候。据研究，毛竹林的固土能力是松树的1.60倍、杉木的1.20倍；竹子在绿化荒山、保持水土等方面生态效益显著，已成为我国林业重点生态工程中发展生态经济型防护林的重要树种，生态效益显著。

固碳释氧功能：根据碳水通量塔监测结果，每公顷毛竹林年可吸收二氧化碳24.31吨，其他竹林每公顷年可吸收二氧化碳4.63吨，我国竹林每年可吸收二氧化碳1.24亿吨，对保持大气中的二氧化碳和氧气的动态平衡、减缓全球温室效应和气候变化，发挥着不可替代的作用。同时，竹林生态系统中空气负氧离子含量高，例如毛竹林中空气负氧离子日均值为1800 ~ 33300个 / 厘米$^3$，大大超过世界卫生组织规定的清新空气中负氧离子标准浓度1000 ~ 1500个 / 厘米$^3$。

减少土壤流失：竹鞭根系十分发达，盘根错节，固土能力强，与无林地相比平均每公顷竹林可减少土壤流失量约 60 万吨，我国竹林每年可减少土壤流失量约 4.04 亿吨[7]。

**4. 竹子社会效益价值**

竹产业属于劳动密集型产业，产业链很长，而且可以吸引大量的劳动力就业，有利于缓解农村社会就业压力，并促进农村经济发展和农民增收。据统计，我国现有 4500 多万人口从竹林经营培育和竹子产品加工中获得经济来源，其中 800 多万人直接从事竹材和竹笋加工业，是农民增收致富的主要来源，竹加工产业发达地区农民收入的 30% 以上来自竹产业，像浙江安吉、江西奉新、福建三明等地区，这个比例更是高达 50%[8]。竹产业已经成为中国林业的一大新兴产业和农民脱贫致富的经济增长点。另外，我国有着悠久的爱竹、种竹、养竹、赏竹的文化传统，发展竹产业，可以弘扬竹文化，引导人们增强和提升大众的环保意识。

许多竹林分布区，竹影婆娑，溪水潺潺，苍翠欲滴，静谧幽篁，加上其独特的文化内涵，给人们提供了绝佳的游憩休闲去处，成为著名的生态文化旅游景点。竹林对于城乡绿化美化、保护地区生态环境和生态文明建设都发挥了重要作用。

## 二、竹乡安吉的启示

浙江安吉县是习近平总书记“绿水青山就是金山银山”理念的诞生地，也是中国美丽乡村的发源地和绿色发展的先行地，享有“世界竹子看中国，中国竹子看安吉”之誉。县域面积 1886 千米$^2$，境内“七山一水二分田”，森林覆盖率 70.1%。拥有 13.53 万公顷林地，其中竹林面积 6.73 万公顷（其中毛竹林 5.87 万公顷），约占森林面积的 50%，是全国最为典型的竹林集中分布县。

安吉县基于丰富的竹林资源优势，充分挖掘竹林的经济生态价值，大做竹林文章。一方面大力支持发展竹加工企业，最大限度地发挥竹子经济价值，现有竹相关加工企业1500多家，其中高新技术企业10家。研制开发竹凉席、竹地板、竹窗帘、竹地毯、竹餐具、竹工艺品、竹胶板、竹家具、原竹建筑、竹笋及其制品、竹炭、竹醋、竹叶黄酮及制品、竹生物质燃料、竹纤维纺织产品、竹工机械等系列产品；竹产品注册商标200多个。而且以加工利用为引擎，促进竹林资源经营培育，不断提高竹林质量，毛竹立竹量达1.70亿株、年产商品竹3000万株。另一方面安吉十分注重竹子生态文化价值开发，全域打造“优雅竹城、风情小镇、美丽乡村”，建成中国大竹海、余村中国竹子博览园、中南百草原、江南天池、浪漫山川4A级竹林景区5个，建有黄浦江源、藏龙百瀑等竹子特色景区12个，建成中国竹子博物馆、中国安吉竹林碳汇展览馆、竹叶龙博物馆、山民文化馆、竹印象馆等10多个竹文化展示场馆。不断拓展和延伸竹子产业链，竹特色小镇、竹林康养、竹工业旅游、竹文化创意、竹产品体验等新业态应运而生，成为竹产业新的经济增长点。近几年，安吉竹产业年综合产值超过200亿元，年出口创汇超过3亿美元，均居全国第一。2018年国家林草局批准安吉建设国家级安吉竹产业示范园区。安吉竹产业的发展给了我们怎样的启示？

**1. 注重竹资源、竹科技对于竹产业发展的支撑作用**

安吉竹农和林业科技人员长期重视竹资源的经营培育工作，在长期实践中逐步积累，并发明创造了先进的竹林培育生产技术，使竹林立竹质量、出笋量、出材量不断提高，为竹产业发展提供了丰富的优质原竹材料。安吉重视竹科技创新，和浙江农林大学、国际竹藤组织、中国林业科学院亚热带林业研究所、中国竹子开发中心等高校、科研院所建立紧密合作关系，大力研发引入竹林生态高效培育技术和笋竹加工新技术，建立了笋竹现代加工和高值化利用体系，建立了竹林增汇减排的技术示范，提升了竹产业的整体技术水平，拉长了竹产业链，促进了竹产业快速发展。

**2. 注重竹生态文化与竹产业的相互融合、相互促进**

安吉人民与竹子之间长期共生共存、相互促进，历经千年构建了安吉“人竹共生系统”。人与竹和谐共存，竹子既为人所用，又反馈于人；不仅体现在物质层面，也体现在精神层面；不仅反映了人与自然间的双向渗透和相互涵化的过程，也充分展示了人与生态环境之间的互相依赖、共同发展的自然规律。如此，这绿水青山间的一片竹林，充满价值，造福人间。

**3. 注重把握国际形势和国家战略对竹产业发展的导向作用**

竹产业发展离不开各级政府的政策和资金支持，及时把握并紧密联系国家战略，可以领先一步获得更多的支持和先发优势。如建设竹子特色小镇，发展竹子精品农家乐、开展竹林康养，把安吉竹林与乡村振兴、精准扶贫、美丽中国等国家战略紧密联系在一起。如安吉县政府与浙江农林大学、中国绿色碳汇基金会、国际竹藤组织共建竹林碳汇试验示范区，建立世界首个竹林碳汇展示馆等，把安吉竹林与林业应对气候变化的国际发展趋势紧密联系在一起，可以有力促进安吉竹林生态产品价值的开发和实现。欧盟等地的限塑令也给生态环保竹产品的推广应用提供了巨大的市场空间。

**4. 安吉竹林资源的碳汇功能和价值到底有多大**

安吉现有竹林面积 6.73 万公顷，根据调查监测，安吉竹林生态系统目前储存了 702.58 万吨碳，每年可以净吸收二氧化碳 146.59 万吨，如果用于抵减工业排放，按碳排放强度 1.57 吨/万元（每生产 1 万元 GDP 的二氧化碳排放量）测算，相当于每年可为当地创造 93.36 亿元的 GDP 生产空间，竹林的碳汇功能和潜在价值着实让人惊讶。我们再来看一个具体的竹林碳汇项目案例，2015 年，安吉开发了第一个 CCER 竹林经营碳汇项目，经过核证的项目碳汇量可以进入国家碳减排市场进行交易。项目面积共计 1426.30 公顷，采用竹林生态经营技术，在 30 年计入期内，可以产生 24.96 万吨的二氧化碳减排量，获得直接额外碳汇收益 750 万元，同时通过生态经营技术，能够不断提高竹林质量，增加竹林笋材产量，增加额外笋材收益 1.41 亿元。可见竹林碳汇项目的开发和价值挖掘，可以大大促进竹林增效和竹农增收，其中的奥妙还将在后面的章节中细说。

至此，我们对神奇独特、神通广大的竹子，应该有了比较全面的了解。也许大家听说过关于竹子的很多称谓，如君子、幽篁、筱簜、抱节君、碧虚郎、不秋草等，但是有一个名副其实的头衔很少有人知道，竹子还是对抗温室气体二氧化碳的第一英雄，被称作“吸碳王”。那么竹子在吸碳固碳方面的本领究竟如何，为什么可以“称王称霸”呢？且听下回分解。

碳通量观测塔
竹材碳汇实验室

# 第三章
# 吸碳之王

夜雨下，风乱刮，

我静观摇曳的树枝，

我静思所有事物的伟大

——泰戈尔《飞鸟集》

# 第一节
# 一根竹子的吸碳成长史

王阳明曾与好友讨论：如何才能成为圣贤？年轻的他认为，首先必须掌握朱熹所说的“格物穷理”。那就“格”吧！一抬头正好有一片竹林，他的朋友先“格竹”，用了三天时间，孜孜不倦地看竹子、想竹子，伤了神，不得不放弃。王阳明觉得，这是他精力太弱，于是亲自去“格竹”，不分昼夜地看了七天七夜，病倒了，宣告失败。二人叹息说圣贤是做不得的，实在没有更大的力量去格物了。于是王阳明换了一种思维，他提出的“心学”同样让他成为古今罕有的圣贤。只是他早年“格竹”的这段公案还一直引发着后人的深思。哲学能否解释科学，不敢妄下结论，但不论王阳明还是朱熹应该都不会将眼前的竹子“格”出“碳汇”的结论。

被称为“吸碳王”的竹子在吸碳方面当然有超乎其他植物的特殊本领。我们须知，吸碳、固碳是无形无相的，我们肉眼所能观察到的吸碳与固碳的过程实际上就等同于竹子发育和成长的过程。因此，我们有必要跟着科学家观察、研究、记录、分析这位“吸碳王”的成长史。

## 一、天赋异禀：特殊的发育方式

竹子与其他树种相比，有个最奇特的地方在于：竹笋出土后只长高，不再长粗。这个特点实在令总是在减肥的现代人羡慕不已，因为竹子属于单子叶植物，与双子叶植物茎干组织不同（图 3–1），竹子茎干组织中没有形成层细胞（图 3–2），新陈代谢过程中不会产生新的韧皮部和木质部，竹子也就不会长粗，因此竹子的高生长速度就基本反映了毛竹笋期（新竹）光合产物的积累速度。

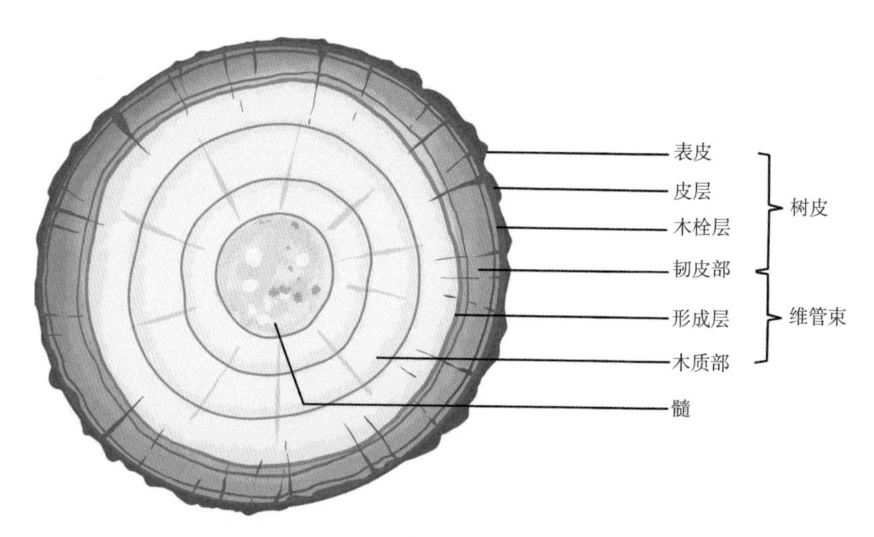


图 3–1　双子叶植物茎干组织图

当然，这一特点并不是竹子独有的。除了竹子，常见的小麦、水稻、高粱、玉米等也都是单子叶植物，它们的茎长到一定程度后也不再长粗，也是这个道理。

图 3–2 中，中间为竹腔，边缘为竹壁，竹壁中呈梅花状分布的亮黄色部分为维管束组织，浅黄色部分和棕色部分为纤维支撑组织。维管束组织中含有

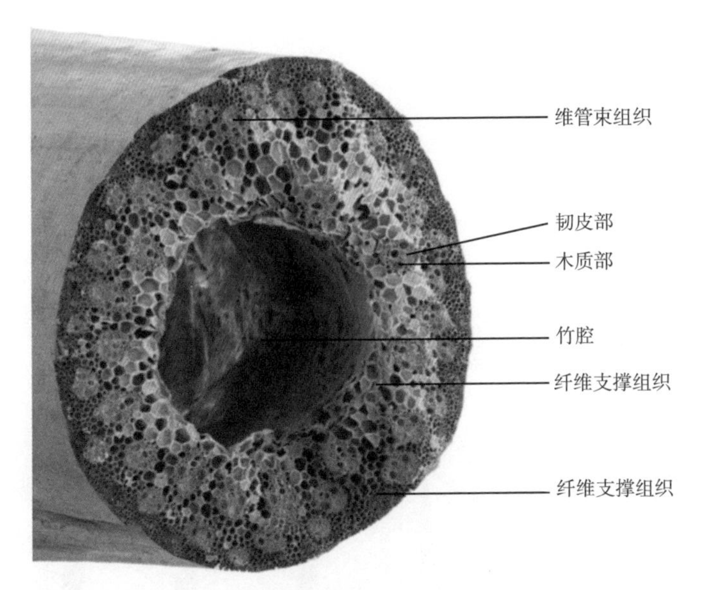


图 3-2 毛竹竹秆截面高清电镜显微图

木质部（较大的开口）和韧皮部（较小的开口），木质部的作用是从整个植物的根部自下而上运输水分和矿物质营养，韧皮部的作用是自上而下运输碳水化合物和植物激素。

## 二、雨后春笋：竹笋的快速成竹

竹林是一种典型的异龄林。异龄林指同一片森林中的林木年龄参差不齐，相差一个龄级以上。竹子的生长过程独特，在笋期会呈现爆发式生长。以毛竹为例，竹笋出土后生长速度惊人，据浙江农林大学利用全站仪对 130 株毛竹生长过程的野外精确定位和测量结果，一株毛竹从破土出笋到展枝形成新竹，平均只需 56 天，平均高度能够达到 12.80 米左右（图 3–3），其中，破土出笋后 20 ~ 50 天生长最快，特别是下雨后，经过了昼夜的定时测量，每隔一小时观

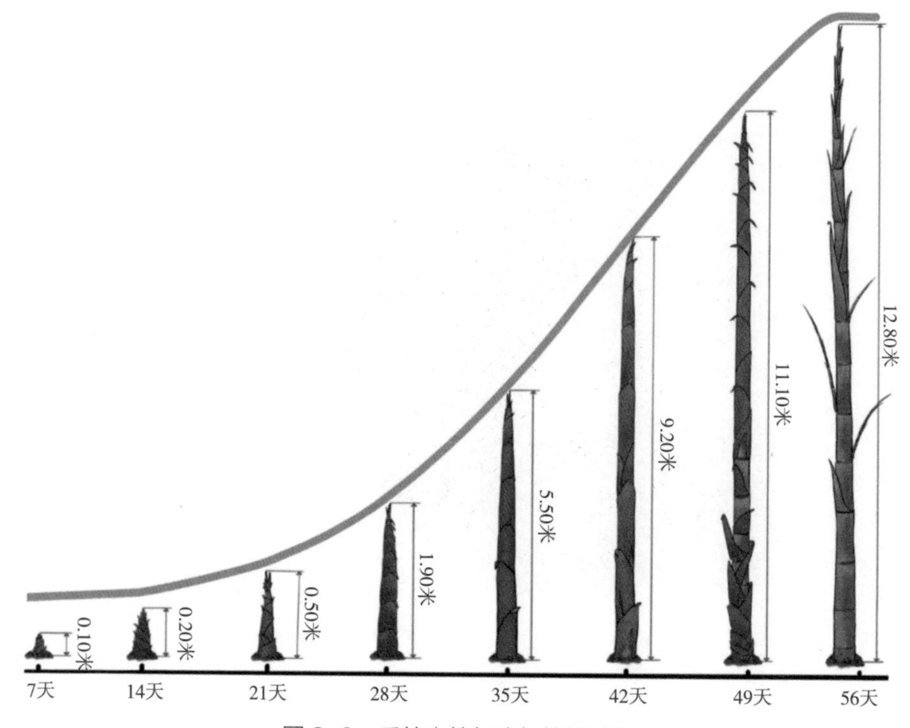


图 3-3 毛竹出笋长成新竹的过程

测一次，仅一昼夜就长高了 68 厘米，晚上站在竹笋旁边，都能清晰听到“沙沙沙”竹节拔高的急促声音，感觉是在与时间赛跑。两个月内就长成了胸径 12 厘米、高达 13 米的“高富帅”。如果是黄花梨或紫檀，同样高度与粗细得长一个世纪。当然，不同种类的竹子高度也有显著差异。例如《西游记》中观音菩萨修行的紫竹林，一般也就只能长到 3 米，而巨龙竹可以长到 40 米以上，要知道楼房超过 24 米的就叫作“高层”，没有电梯不行。

我们时常在竹林中发现这样一个现象，一夜春雨后竹园里常常满地都冒出竹笋，所以我们就用“雨后春笋”形容某种事物蓬勃发展。为什么春季下雨后，竹笋长得特别快呢？原来，竹林春笋发育的时候碰上天气干燥，没有给竹鞭上的笋芽分化提供很好的土壤水分条件，此时春笋生长得不会很快。它们在蓄势待发，只要遇上下雨，土壤水分适宜竹笋生长后，竹林里面的春笋就会争先恐后地钻出土面，呈现朝气蓬勃的发展势头。此时林农可以尽情地选择品质优良的春笋食用，但时间上必须把握好，因为春笋出土后生长得特别快，竹壁木质纤维增多后会影响竹笋口感。笋的生长之快，差上几天，鲜嫩的春笋或许就成为挺拔耸立的竹子了！

## 三、吸碳成材：毛竹的光合特征

中学生物课上都学过，光合作用对实现生物与环境间的能量转换、维持大气的碳氧平衡具有重要意义。不同的植物，光合作用的能力各不相同，也就是说吸碳释氧的能力也有大有小。通常利用光合作用强度来表征植物光合作用能力的大小。

来看看毛竹的情况：一天内，毛竹光合作用随生理生态因子的变化而表现出不同的变化规律。夏秋季节，由于中午温度较高，毛竹竹叶气孔关闭，出现光合午休现象，因此毛竹日光合作用强度在夏季、秋季表现为双峰曲线型，在冬季、春季则表现为单峰曲线型（图 3–4）。

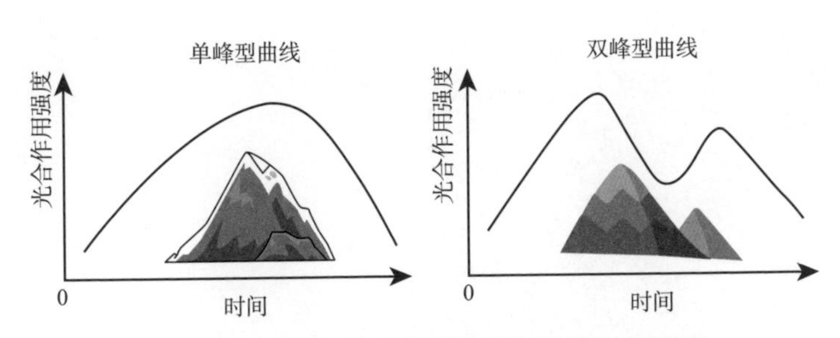


图 3–4　光合作用曲线单峰型和双峰型的区别

每个季节里，毛竹的光合速率也不同，毛竹的光合作用在夏季最强，秋季次之，而冬季、春季最弱，其季节变化为一单峰曲线（图 3–5）。夏季气温高、光照充足，此时光合速率为一年中最高，每平方米净光合速率达到 9.29

微摩 / 秒；秋季天气干燥、空气湿度下降，气孔导度降低，光合速率下降；冬季温度低、光照弱，每平方米光合速率降低到 3.19 微摩 / 秒左右；春季气温上升，光照增强，光合速率回升[9]。

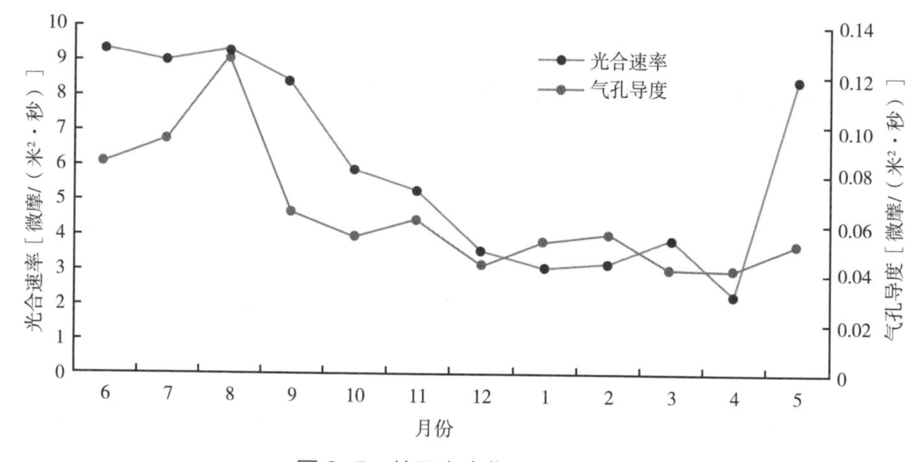


图 3-5　竹子光合作用季节变化

# 第二节
# 竹林家族的固碳实力

了解了一根竹子的吸碳成长经历只是一个开始，真正卓有成效的吸碳和固碳不能靠单打独斗，必须依靠整片竹林的家族群体来实现。所以，我们要把竹林作为一个整体来进一步观察。

## 一、竹林年谱：毛竹大小年物候期

关于毛竹林的生长，了解其大小年和物候期是一个关键。大小年交替是毛竹林生长过程的一个典型特性。毛竹林一年大量发笋长竹，一年生鞭换叶，交替进行，每两年为一周期，周而复始，称为大小年竹。目前，毛竹林大年和小年一般按自然年度划分法，以大量出笋成竹的自然年（始于春季生长，止于冬季休眠）称为大年，反之则为小年。大年期间竹叶深绿，光合作用强盛，制造和储存了充裕的养分供给新生竹笋幼竹生长。小年期间，竹林光合作用和代谢水平进入低潮阶段，竹鞭侧芽大部分处于休眠状态，很少形成竹笋。竹叶枯黄脱落并进行换叶。

物候指植物在一年的生长中，随着气候的季节性变化而发生萌芽、抽枝、展叶、开花、结果及落叶、休眠等规律性变化的现象。在不同的生长年份毛竹的物候期有着明显的差异，因此，在毛竹不同生长年份的不同物候期对毛竹的管理也就有一定差异。假如你要种植和经营竹林，那么了解竹林的物候期至关重要。如果不种也无妨，要探明竹林的固碳实力，这也是一个先决条件。根据毛竹在不同时间表现出的不同生长情况，我们将一个完整竹林的生长周期划分为 8 个物候期[10]（图 3-6）。

（1）**冬笋越冬期（小年 12 月—大年 2 月）**：受低温影响，该时期竹笋、竹鞭生长缓慢，部分竹笋露出地表。

（2）**春笋生长期（大年 3—6 月）**：是发笋长竹的主要时期，其中 4—5 月是竹笋爆发式生长时期，6 月则是新竹抽叶长枝期，3—4 月部分多年生老竹也会少量换叶，该时期毛竹竹鞭也开始萌发生长。

（3）**新竹主要生长期（7 月梅雨季结束后）**：温度升高、光照充足，新竹光合能力最强，是新竹竹材填充的时期，也是竹鞭快速生长期。

（4）**疏林期（大年 10—11 月）**：在雪灾易发地区，新竹需要进行钩梢。钩梢就是用装有长柄、刃部弯曲的“钩梢刀”，人站在地上将竹梢钩下。去梢最直接的作用是可以调整竹子的高度，使整个竹秆显得通直挺拔。去梢以后竹冠的厚度减小了，但是促进了被保留部分竹叶的生长，使之更显得浓密茂盛，极大地增强了抗雪压、风害、冻雨危害的能力。五年生及以上老竹在这个时期要砍伐，这也是竹材收获的时候。这个时期，毛竹生长能力相对减缓。

（5）**越冬期（大年 12 月—小年 2 月）**：随着温度降低、降雨减少，毛竹的光合及呼吸能力降低，竹鞭停止生长。这个时期仍可以酌情进行新竹钩梢和老竹砍伐。

（6）**换叶期（小年 3—5 月）**：大年新生竹以及多年生老竹这个阶段均出现大规模换叶，其间伴随少量竹笋生长。

（7）**小年主要生长期（小年 6—9 月）**：换叶后的新叶展叶完成，光合能力提高，是竹林大量积累营养物质的时期，也是竹林里竹鞭的主要生长阶段，称为行鞭期。

**（8）孵笋期（小年 10—11 月）**：竹鞭上笋芽开始萌发生长。

再往下就回到了第一个时期，完成了一个循环。大作家汪曾祺先生曾写过一篇优美的散文《葡萄月令》，把自己一年十二个月种葡萄的观察与心得以美文的形式记录下来，植物生命科学之美从他充满人文魅力的笔端潺潺涌出。哪位有心人若是将种竹吸碳的物候周期也如此记录，一定又是一篇佳作！

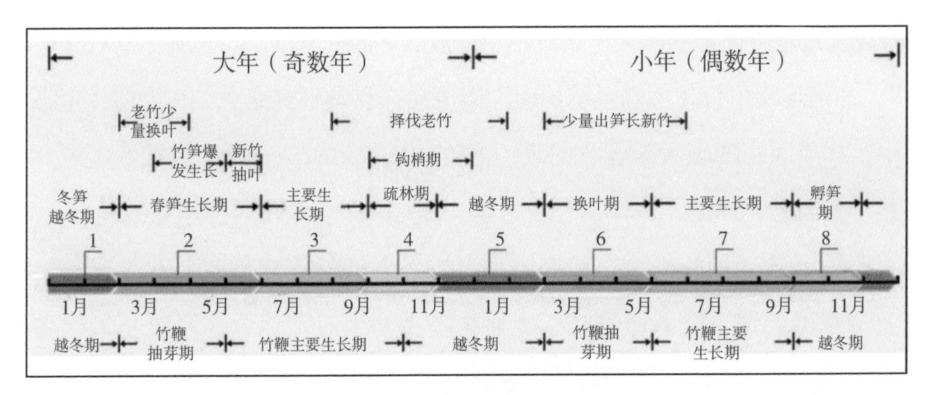


图 3-6 毛竹林物候期时间节点

## 二、测碳神眼：碳通量塔

下面要正式地分析一下竹林固碳的实力问题了。首先要了解一个重要的概念：碳通量，它是森林固碳能力最重要的表征指标。

通量（flux），指单位时间内通过一定面积输送的动量、热量（能量）和物质等物理量的速度。碳通量（carbon flux）是碳循环研究中一个最基本的概念，表示生态系统通过某一生态断面的碳元素的总量，可以这样表述：**单位时间通过垂直方向单位截面的二氧化碳**。以二氧化碳物质的量计，单位可为毫克/（米$^2$·秒）[11]。

具体到竹林来看，竹林生态系统碳通量包括冠层二氧化碳的固定和二氧化碳的排放两个过程。竹子等植被首先通过冠层叶片光合作用吸收二氧化碳生成有机质储藏在体内（Gp），这是竹林吸收碳的过程。而后，通过植物自身的呼吸作用要释放出一部分碳（Ra）。另外，竹子还会以枯枝落叶、根鞭腐烂等形式把碳储存在土壤中，而土壤中的碳有一部分会被微生物和其他的异养生物通过分解和呼吸释放到大气中（Rh）。竹林生态系统与大气之间存在一个非常复杂的碳循环与碳平衡过程（图 3–7），由多个相互影响的分量构成，涉及植被、土壤、环境、人为活动等众多因素。**竹林生态系统和大气之间的碳通量是竹林生长过程中固定的碳和干扰过程中释放碳之间的差值，可以揭示和打开“暗箱”，准确反映出竹林生态系统的碳汇碳源动态和碳平衡能力。**在毛竹林生态系统中，如果固定的碳大于释放的碳，毛竹林就成为碳汇，反之则成为碳源[11]。当然，我们已经知道，竹林在合理的养护下是一个非常优秀的碳汇系统。

明白了碳通量的概念，如何来观测生态系统的碳通量呢，就需要有一种碳通量观测装置，即碳通量塔。碳通量塔是基于对陆地生态系统与大气之间碳、水和能量交换的计量与监测需要建立起来的大型综合观测站，是世界上公认的最科学的碳源汇监测技术手段。

这要从 20 世纪 90 年代说起。1993 年，由“国际地圈 – 生物圈计划”首次提出了“全球通量观测研究网络（FLUXNET）”的概念。也就是全球各国各地联合起来，把观测的通量数据实现网络共享。此后，国际上启动了一系列国际研究计划，开展不同区域陆地生态系统的碳水循环、碳水通量的实验观测，建立了相关的观测研究网络。20 世纪末以来，国际通量观测站不断增加，截至 2015 年 7 月，全球已经有 723 个通量观测站点在 FLUXNET 注册。

全球通量观测的生态系统主要分布在南纬 30 度到北纬 70 度，从热带到寒带的植被类型中，有 15 种，分别是北方针叶林、热带雨林、常绿阔叶林、落叶阔叶林、常绿针叶林、落叶针叶林、针阔混交林、萨瓦纳稀树草原、温带草地、湿地、苔原、灌丛、农田、荒地、城市生态系统。

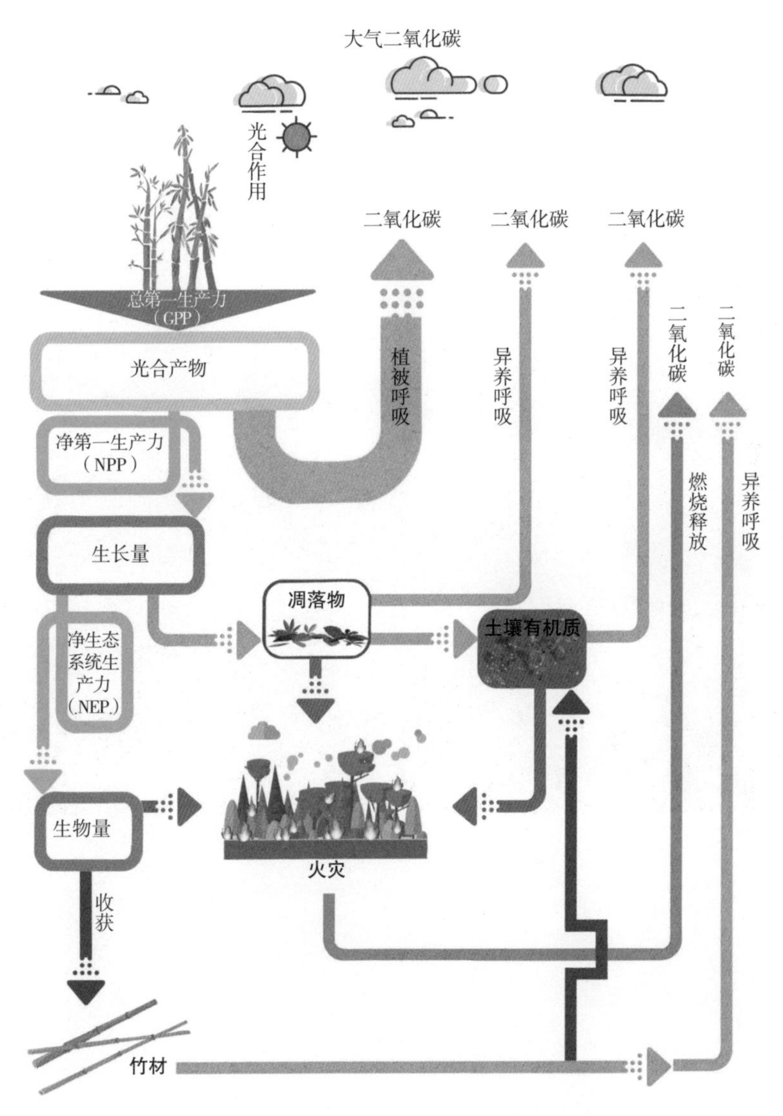


图 3-7　竹林生态系统碳循环与碳平衡过程

那么具体到竹林的观测情况如何呢？

竹林碳通量塔将各种与固碳有关的先进通量观测（Eddy Flux）仪器分七层安装在高40多米的铁塔上，实时连续自动监测竹林生态系统二氧化碳的动态变化。在浙江省安吉县的毛竹林中就建有一座通量观测塔，是世界上第一座竹林碳通量观测塔，它犹如一根监测碳通量的触须，是“竹林碳觅”的火眼金睛（图 3-8）。但很少有人明白这座高高的铁塔存在的作用和意义。

图 3-8　浙江省安吉县毛竹林碳通量观测塔

竹林碳通量观测系统由三部分组成：

（1）**涡动相关通量观测系统**。由三维超声风速温度计（SAT）和高速响应红外线气体分析仪（IRGA）组成。

（2）**闭路二氧化碳及水廓线系统**。由红外二氧化碳气体分析仪、数据采集器以及气体采集管路系统与校正控制系统构成。

（3）**其他辅助设备**。包括雨量监测仪、辐射仪等。

这个系统主要用来观测竹林生态系统二氧化碳通量、二氧化碳垂直分布廓线、能量和水分平衡以及小气候等的动态变化。用于分析竹林碳同化和碳释放的昼夜及季节等时态过程以及与环境的关系。同时结合其他观测和遥感与模型等研究手段，可以精准地计算竹林的固碳能力，为区域森林碳汇的评估和开展碳汇交易提供科学的数据支撑。

## 三、碳进碳出：毛竹林碳通量变化

有了这样的观测设备，我们就能对竹林的吸碳固碳能力做出精准的测量与判断。例如，利用浙江省安吉县毛竹林碳通量观测塔的长期监测数据，科学表征了毛竹林生态系统碳通量的日变化和季节性变化（图 3-9）。在一天内，夜晚由于毛竹林只有呼吸作用释放二氧化碳，没有光合作用，所以生态系统碳通量为正值，此时毛竹林表现为碳源；到了早上 7 点日出后，毛竹开始进行光合作用，并且光合作用逐渐大于呼吸作用，生态系统碳通量为负值，此时毛竹林表现为碳汇；下午 3 点左右，毛竹光合作用逐渐减弱，呼吸作用大于光合作用，生态系统碳通量又变成正值，毛竹林又表现为碳源。

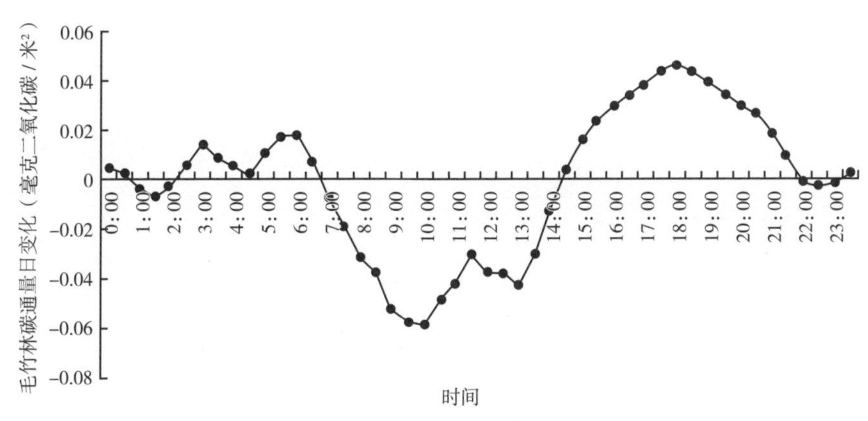


图 3-9 毛竹林生态系统碳通量日变化情况

解释固碳效率：生态系统碳交换通量与碳固定和排放速率之间，根据选定的研究界面和对象能够相互直接转化，在数值上 GEE 可等同为生态系统固碳速率，RE 即为生态系统碳排放速率，NEE 即生态系统净固碳速率，量纲不变，单位为克碳/（米$^2$·年）。将土壤–植被–大气看作一个连续的整体，研究生态系统气体交换过程中的碳收支，将生态系统净固碳速率与生态系统固碳速率的比值，暂时定义为生态系统碳固定效率（ecosystem carbon sequestration efficiency，ECSE），其反映生态系统气体交换中固定下来的碳比例，即ECSE=NEE/GEE[11]。

从季节变化来看，毛竹林固碳效率一般为正值，变化范围6.5%~53.8%，平均值为38.9%，表明毛竹林大小年均为碳汇（图3-10）。大年冬季固碳效率较低，随后逐渐上升。3月固碳效率为两年最高值53.8%。4月毛竹开始发笋，呼吸增强，固碳效率下降明显。6月新笋长出新叶，增加固碳能力。7月固碳效率明显上升。夏季由于生态系统呼吸也加强，导致固碳效率变化不明显。11月出现大幅度降低。1月出现明显的谷值，并为两年最低值，随后春季温度增高、光照增强，毛竹林固碳效率有一定程度升高。4—5月为毛竹林换叶期，此时叶面积指数大大降低，造成固碳效率出现一定程度降低，随后其变化趋势同大年相仿[11]。

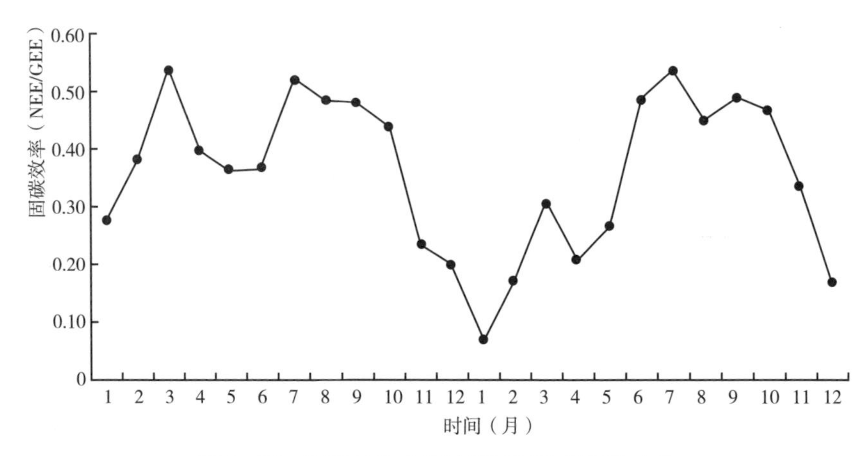


图3-10　毛竹林生态系统碳通量的月平均变化

# 四、一较高下：毛竹林与其他森林对比

毛竹林的固碳能力测量出来了，到底如何呢？要通过对比才能看出高下。

根据 6 年时间的碳通量连续监测结果，合理经营状态下的毛竹林，每公顷毛竹林年吸收固定二氧化碳量达到 24.31 吨。与同处于亚热带地区的其他森林碳通量数据进行比较，毛竹林的固碳能力排在首位（图 3-11）。换算下来，大约 1 株毛竹年可吸收固定 8 千克二氧化碳，平均 40 棵毛竹就能够抵消一个人一年排放的二氧化碳，1 公顷毛竹约可以抵消 25 辆小汽车一年的排放量（图 3-12）。

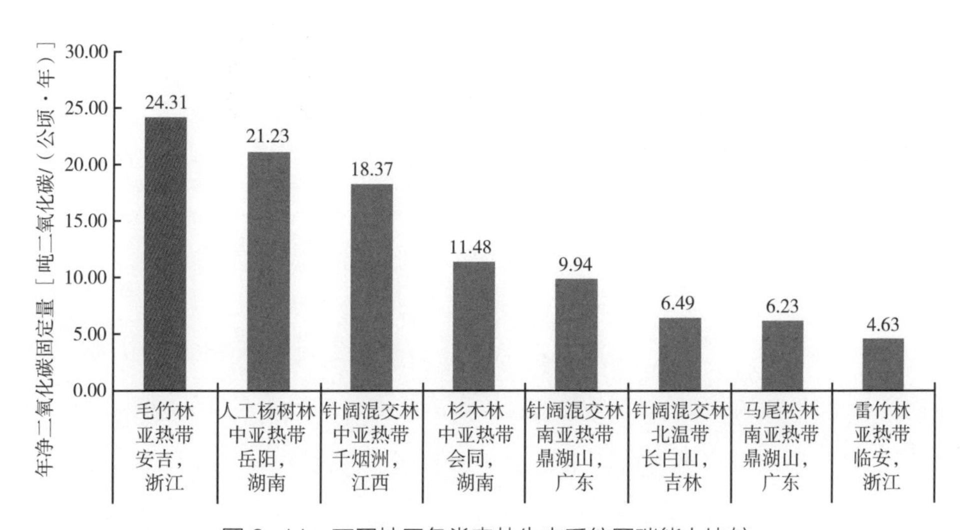


图 3-11 不同地区各类森林生态系统固碳能力比较

考虑不同竹种的固碳能力差异，中国竹林生态系统每年可以吸收固定二氧化碳约 1.13 亿吨。目前中国竹林生态系统约储存了 7.80 亿吨碳，换算成二氧化碳则为 28.60 亿吨，其中 75% 是土壤碳库贡献的，22% 是竹子本身生物量贡献的，枯落物、灌木、草本仅贡献 3%。除此之外，每年还有 **1340 万吨由于竹林采伐加工，源源不断地转移至**竹材产品中进行储存（Li et al., 2015）。

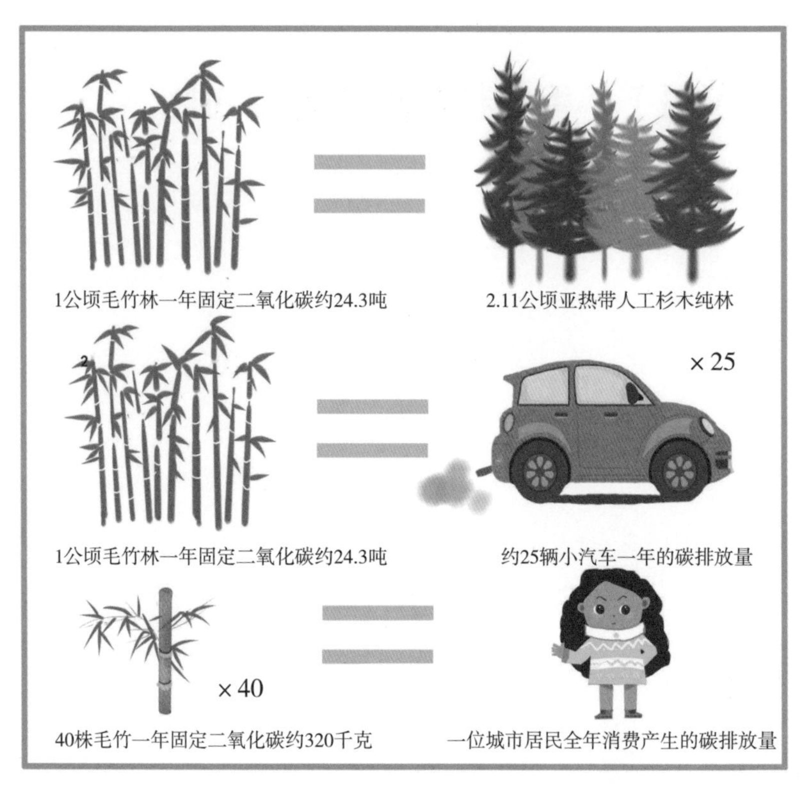


图 3-12 毛竹林的固碳能力与抵消排放效果

我国目前每年能生产 1.50 亿吨竹子，但有效利用的仅有 4000 万吨。据估算，如果将我国每年 1.10 亿吨闲置竹资源制成竹缠绕制品，能够替代钢材、水泥、塑料制品等，将可节约 1.40 亿吨标准煤，减排 3.50 亿吨二氧化碳（浙江日报，2019）。这是一个多么惊人的数字！中国的竹林已在森林增汇减排、应对全球气候变化中发挥出积极作用，并将一直扮演重要角色。

# 第三节<br>竹林世代更新固碳能力

毛竹林在固碳方面具有一般森林所没有的优势与特点，毛竹生长速度快，明显超过其他树种，新造竹林一般在 6～8 年内可以郁闭成林，成林后即可采伐利用，且采伐期短、可再生生长。合理经营的竹林可以不断择伐，基本上是隔年留竹、隔年择伐，可持续收获。体现出毛竹林极强的世代碳积累和碳捕获能力。总的来说就是两个字："快" 和 "久"。

## 一、以快制胜：不断自我更新

杉木是亚热带地区最常见的人工造林树种，生长快速，固碳能力也比较高。杉木和毛竹要求的立地条件和生态环境基本类似，因此，比较毛竹和杉木在一定时间尺度内碳积累速率和碳积累量，能够较好地说明毛竹林的世代更新固碳能力。

毛竹造林后，通过扩鞭发笋，竹子数量和林分的平均胸径都在不断增长，一般 8 年就可以稳定成林（立竹数量和平均胸径达到基本稳定），成林后每两年就可以进行采伐，伐去 3 度（5～6 年生）以上竹子，同时又不断发笋长成新竹，使整个林分质量状况和固碳能力长期保持在一个高水平的动态平衡状态。而杉木林造林后，小树不断增高长粗，但数量只会减少不会增多，一般经过 30 年左右，杉木成熟可以采伐利用，然后重新种植。

比较来看，毛竹林 8 年就可以达到固碳和储碳高峰，而且维持不变；杉木林达到固碳和储碳高峰需要 30 年。毛竹林 6 年就可以实现一轮全部择伐更新，而且更新自动完成；杉木林需要 30 年才能完成采伐更新，而且需要人工种植完成。毛竹林的择伐更新速率比杉木林快 5 倍（图 3-13）。

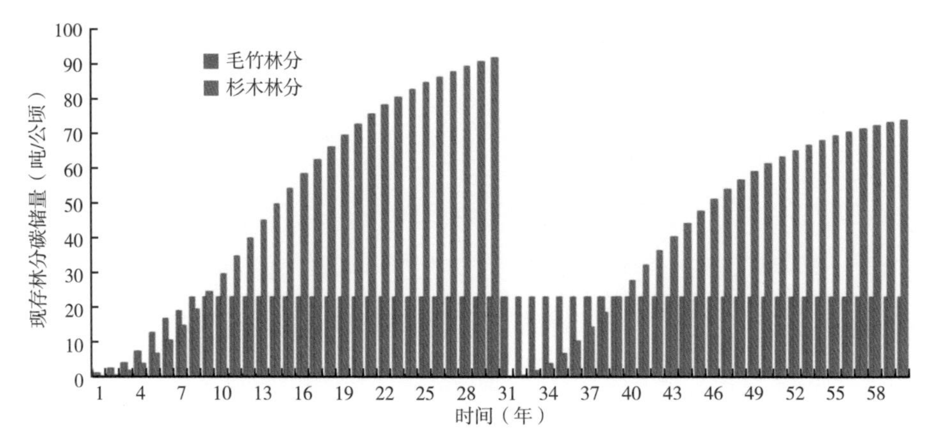


图 3-13　毛竹林、杉木林固碳更新速率比较

## 二、论持久战：世代恒续固碳

一般来说，合理经营的毛竹林长期不会出现开花衰败，可以世代更新生长，青山常在，经久不衰，而且越采越多，越采越好，在吸碳固碳方面体现出非凡的持久性。时间越长，优势就越明显。现在，我们从 60 年（两个杉木轮伐期）的时间尺度来比较一下两者。

（1）60 **年周期的碳年净增量比较**。这里的碳年净增量，指每年吸收二氧化碳而增加的林分碳储量。毛竹林一旦稳定成林，因为不断地采伐老竹和出笋成竹，整个林分保持结构平衡，每年吸收固定的碳储量基本恒定。而杉木林在整个轮伐期内，林分从幼龄林生长至成熟林，每年的生长率是不一样的，导致每年吸收固定的碳储量也在发生变化。虽然在某个时期，年轻气盛的杉木林有着更高的碳年净增量，但是“稳重”的毛竹林有着更持久的耐力和更长的辉煌时期。从图 3–14 可以初见端倪，但孰高孰低，仍未分晓。

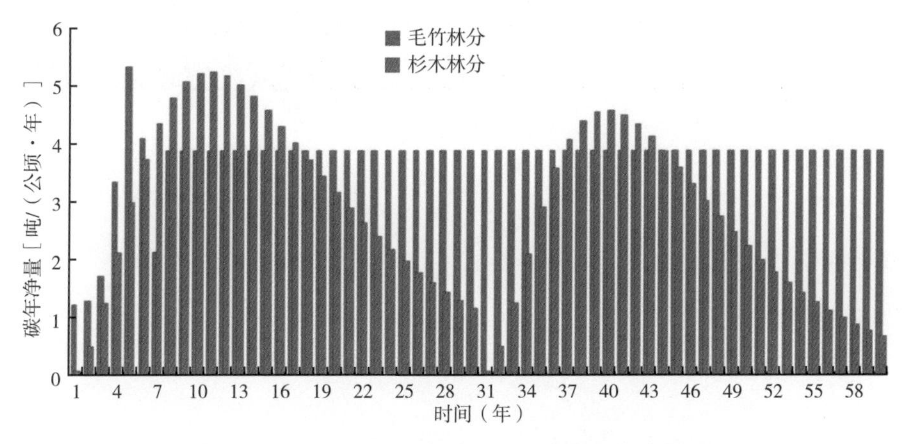


图 3–14 毛竹林、杉木林 1～60 年的碳年净增量

（2）60 **年周期的碳逐年累积量比较**。现在我们把每年吸收固定的碳储量进行累加，得到逐年碳累积的对比情况。这下子就高下立判了，下面宣布毛竹林与杉木林的“马拉松”比赛结果：在合理经营和采伐的情况下，毛竹在 1～60 年间，其碳积累总量为 224.98 吨 / 公顷。与之对比，两代杉木人工林的固碳总量为 167.26 吨 / 公顷（图 3–15）。毛竹林比杉木林总固碳多了大约 35%！可见人工经营和采伐的毛竹林具有很高的固碳能力，不论速度还是耐力，都堪称“金牌选手”。

综上所述，竹子无论从个体吸碳、群体固碳还是世代更新特征上看，都具有强大的固碳优势，果然堪称“吸碳之王”。并且，这位吸碳王还有一手，能够把快速吸收固定下来的二氧化碳巧妙地储存甚至隐藏起来。这可大大地超出了我们的常识！那么竹子把二氧化碳储藏在什么地方？又是采用了什么神秘

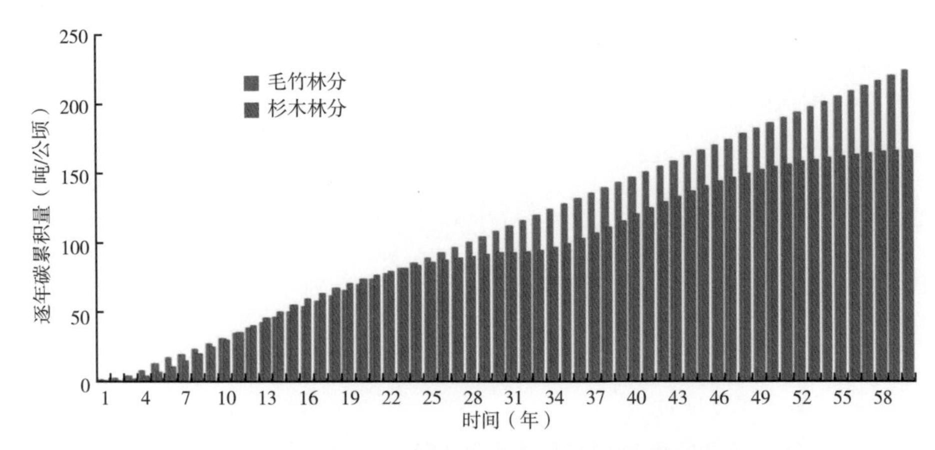


图 3-15　毛竹林、杉木林 1~60 年的碳逐年累积量

的手段把二氧化碳保存和隐藏得更好，不让它再轻易跑回大气中去呢？我们的竹林碳觅之旅将带着大家越走越深……

竹林碳汇实验室

# 第四章
# 藏碳之道

我的尘世生涯的痕迹，

就能够永世永劫不会消逝。

——歌德《浮士德》

# 第一节
# 碳的基本形态

日本最古老的物语文学作品《竹取物语》讲述了一个动人的故事：一位常年在山中伐竹为生的老人，见一棵竹上发出亮光，走近一看，竹筒中住着一个三寸长的女孩。老人把女孩捧回家抚养，孩子长得像竹笋一样快，非常可爱美丽，名叫辉夜姬（图 4–1）。老人自从得到了这孩子之后，每次去伐竹时，都会发现竹筒中有许多黄金……

不错，竹子中是有宝藏的，古人似乎通过文学的想象感觉到了深藏于竹中的秘密。今天，我们已经可以精准地测得，竹林中藏着的秘密和宝藏正是“碳”。现在就让我们了解一下竹子中蕴藏的碳是怎样的吧！

## 一、竹中的肌骨：毛竹林植株碳的基本形态

我们皆知，与其他树木一样，竹子活着就靠不断的光合作用，阳光、水和二氧化碳，竹子光合作用的主要产物就是碳水化合物。碳水化合物在竹子体内的存在形式通常可以分为两类：**结构性碳水化合物和非结构性碳水化合物**（图 4–2）。

结构性碳水化合物比较结实，如木质素、纤维素和半纤维素等高分子化

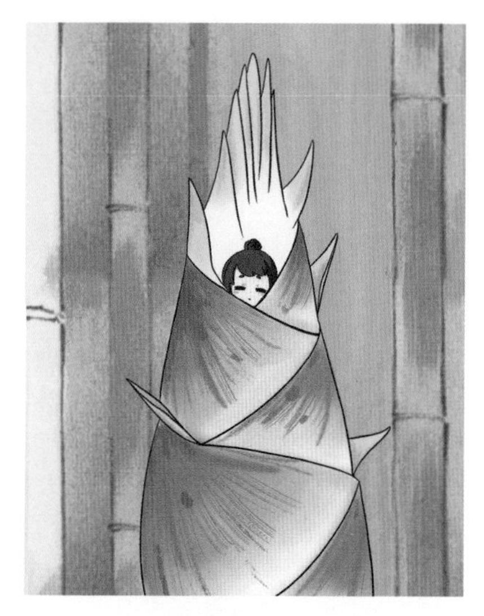

图 4-1 《竹取物语》中的辉夜姬

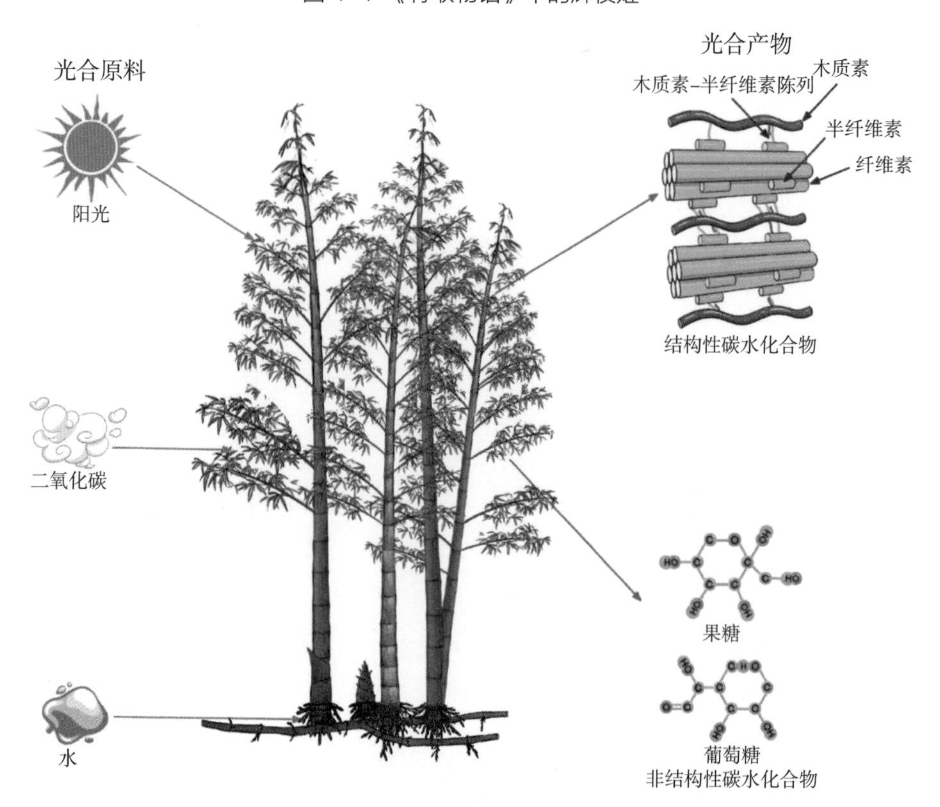


图 4-2 竹子光合固碳后形成的植株碳形态

合物，主要用于支持植物体结构与形态的构建。非结构性碳水化合物比较柔软，主要由淀粉、蔗糖、果糖和葡萄糖等可溶性糖组成，是供应竹林生长代谢过程中所需能量的物质。在竹林生长发育过程中，非结构性碳水化合物含量变化较大，并且与环境变化密切相关，是竹林通过生理调节适应气候变化的重要机制。毛竹的叶、枝和秆中，非结构性碳主要以可溶性糖的形式存在，维持着毛竹的生命活动。在毛竹生长旺季，竹叶可溶性糖含量占非结构性碳的74.6%~83.9%，远高于淀粉（16.1%~25.4%），枝和秆也表现出同样趋势。虽然毛竹叶的非结构性碳含量（4.8%）显著高于枝（3.2%）和秆（3.5%），但是由于毛竹叶、枝和秆分别占毛竹地上器官生物量的9.2%、15.6%和75.2%，因此非结构性碳在毛竹地上部分各器官中的储量表现为秆>枝>叶。这也很好理解，毕竟秆、枝、叶的体量大小明摆着，也许，这就是辉夜姬生在竹秆中的原因。

## 二、土中的宝藏：毛竹林土壤碳的形态特征

一片竹林中的碳不仅藏在竹子中，还藏在土壤中，这样的碳我们称作土**壤活性有机碳**。它是一种十分活跃的重要化学物质，很有营养，也很有用，对土壤养分、植物生长以及土壤环境产生较高的有效性，堪称土壤中的“宝藏”。因此它也会经常受到“外人的觊觎”，在一定的时空条件下受到光热、植物、土壤微生物和人为扰动的影响，土壤活性有机碳会溶解、移动快、不稳定、易氧化、易分解、易流失、易矿化，其形态和空间位置对植物和微生物的生长发育具有重要作用，可以敏感地反映竹林土壤的碳汇功能。

在毛竹林生态系统中，土壤活性有机碳可以分为水溶性碳、微生物碳、矿化态碳等。这些碳很能反映人为活动对竹林土壤质量的影响，其含量变化的影响因素包括季节湿度、土地利用与管理措施、施肥等（图4-3）。也就是说，

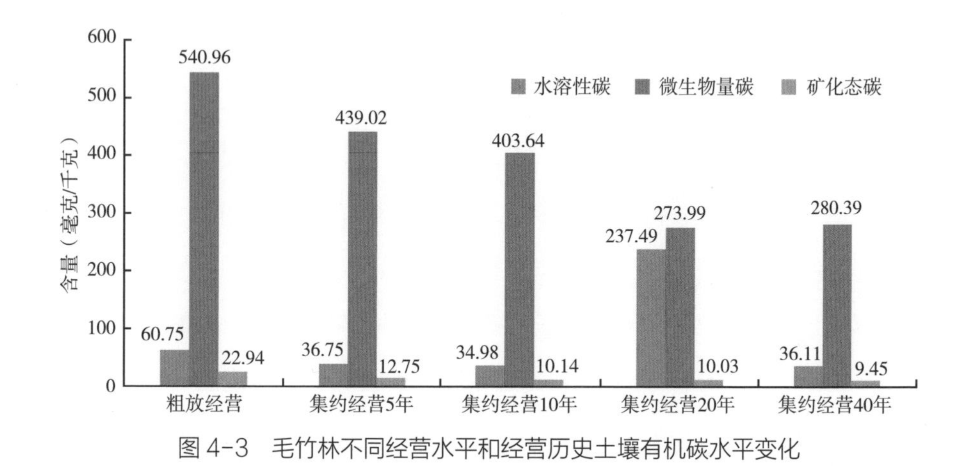


图 4-3　毛竹林不同经营水平和经营历史土壤有机碳水平变化

只要我们懂得利用和保护土壤中的这些“宝藏”，就是我们能够科学培育、管理好竹林的一把钥匙。科学研究结果表明，粗放经营状态下毛竹林土壤总有机碳为 24.15 克 / 千克，其中水溶性碳为 60.75 毫克 / 千克、微生物碳为 540.96 毫克 / 千克、矿化态碳为 22.94 毫克 /（千克 · 天），如果过度集约化经营、打理同样的这片竹林，那么毛竹土壤水溶性碳、微生物碳、矿化态碳含量均会产生下降趋势，尤其在集约经营 10 年后，就会下降得更为明显[12]。

## 三、神秘的精灵：毛竹林土壤碳的功能特征

这些植株和土壤中的“宝藏”就像神秘的精灵，变化莫测，对植株的生长、土壤养分供应和生态系统碳稳定性起到灵敏的作用。那么，竹子土壤中的神秘精灵到底长什么样子呢？用肉眼没办法观察到，需要借助于精密科学仪器。我们利用 $^{13}C$ 核磁共振技术测定了竹林土壤活性有机碳的核磁共振波谱（NMR）特征，竹林土壤有机碳波谱会出现四个明显的共振区：**烷基碳区（0 ~ 50 毫米）**、**烷氧碳区（50 ~ 110 毫米）**、**芳香碳区（110 ~ 160 毫米）**、**羰基碳区（160 ~ 220 毫米）**（图 4-4），**反映出土壤碳的不同功能形态**。其中烷基

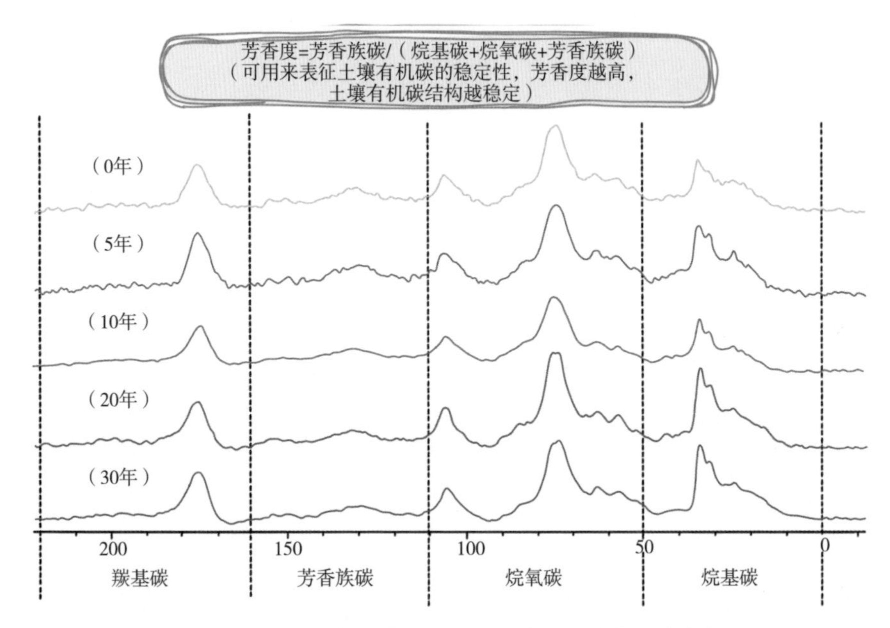


图 4-4 不同经营历史毛竹林土壤有机碳功能形态变化

碳来源于植物生物聚合物和微生物代谢产物，是难以分解的稳定有机碳组分，而烷氧碳则相对不稳定易于分解，土壤有机碳中的芳香碳含量越高，其稳定性就越好，而芳香度 = 芳香碳 /（烷基碳 + 烷氧碳 + 芳香碳），是表征土壤碳库稳定性的综合指标，芳香度越高，土壤有机碳结构则越稳定。科学研究表明毛竹林土壤有机碳中烷氧碳占 39.9% ~ 47.0%，其次为烷基碳占 21.2% ~ 27.6%。随着毛竹林集约经营时间变长，土壤中烷基碳和羰基碳含量有所增加，烷氧碳和芳香碳含量有所减少，芳香度则随时间增加而降低，毛竹林土壤有机碳的稳定性显著降低，说明过度集约化经营也不利于毛竹林土壤碳汇功能的保持（Li et al.，2010）。

现在我们来仔细分析一下，所谓过度集约化经营，就是为了片面追求竹林的笋材效益，长期大量施用化肥、频繁进行松土除鞭，短期来看，经济效益确实增加了，可是土壤活性有机碳不断下降。这当然不是一个好办法，既降低了竹林土壤固碳的能力，又会给竹林水源涵养、水土保持等生态功能带来负面影响。但是如果采取粗放式经营，让竹林自生自长，虽然土壤活性有机碳比较稳定，可是对竹子植株固碳和竹林长期生长力维持大为不利，更加得不偿失。那么有什么两全其美的好办法吗？科学家会告诉你，使用有机复合肥的适度集约经营可以两全其美，现在还有有机复合肥和土壤稳定剂混合施用的方法呢！

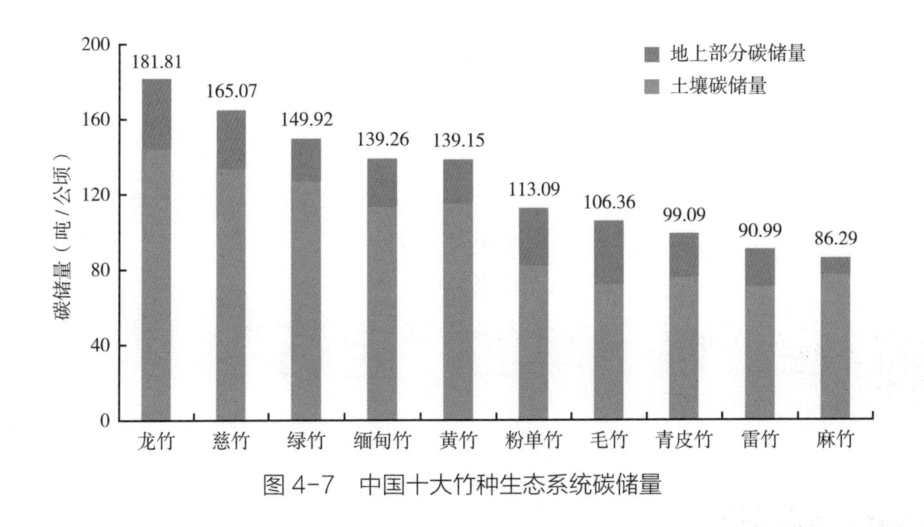

图 4-7　中国十大竹种生态系统碳储量

TOP4：缅甸竹，碳储量达到 139.26 吨 / 公顷。

TOP3：绿竹，碳储量达到 149.92 吨 / 公顷。

TOP2：慈竹，碳储量达到 165.07 吨 / 公顷。

TOP1：龙竹，生态系统碳储量最高，为 181.81 吨 / 公顷。摘得金牌。

综合了各主要竹种的生态系统碳储量以及分布面积，我们就可以比较准确地计算出中国竹林生态系统碳储量的总量为 7.80 亿吨！再想一想，中国竹林占中国森林的面积比例是 2.9%，但竹林贡献的碳储量却远高于这个比例数值，竹林藏碳，功莫大焉！

# 第四节
# 竹子里的“宝石”

## 一、植硅体是什么

竹子在长期吸碳固碳的过程中，体内会形成一种鲜为人知的“宝石”，它的学名叫作“植硅体”。**植硅体**（phytolith），又可以称为植物蛋白石、植硅石或者植物硅酸体等，指一些高等植物生长过程中根系吸收土壤中的单硅酸（$SiOH_4$），然后通过植物叶片蒸腾作用产生的拉力，沉淀在植物各组织细胞的细胞壁、细胞内腔以及细胞间隙的无定形二氧化硅。植硅体结构较为复杂，主要成分是二氧化硅（67%～95%）、水（1%～12%）、有机碳（0.1%～6%）以及钠、钾、钙、铝等元素。植硅体的形态多样，在禾本科植物中，植硅体有的像健身用的哑铃，叫“哑铃形植硅体”，有的像马鞍，叫作“马鞍形植硅体”，有的像把蒲扇，叫作“扇形植硅体”，还有“多齿形植硅体”“棒形植硅体”等（图 4-8），是不是很有趣呢？如果像博物学家那样做成标本盒，一定很有意思，可惜这些精巧的“宝石”个体大小一般只在 2～2000 微米，绝大部分大小在 5～200 微米。微米是一毫米的千分之一，因此大部分的植硅体比一根头发丝还要细小得多，用肉眼很难看到。但通过人为的分离，我们可以在显微镜

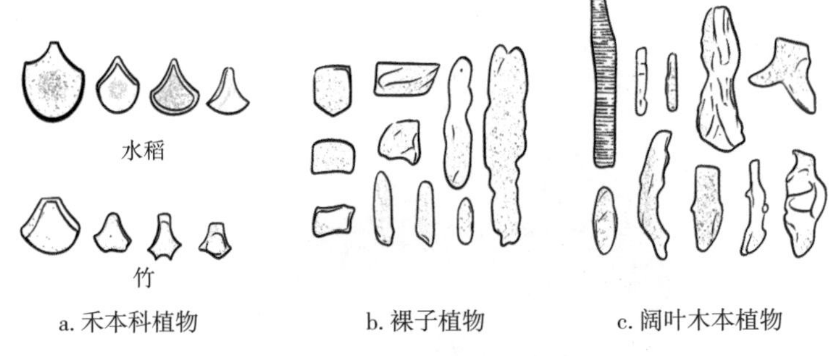


图 4-8　植硅体形态示意图

下看到这些奇妙的“宝石”。

## 二、植硅体碳是怎样炼成的

植硅体在植物体内形成过程中，通常会包裹一小部分有机碳（0.1%～6%），而以这种形式被固定的有机碳称为**植硅体碳**。这种植硅体碳，其实可以看成竹子体内的一种“结石”。这种“结石”的确相当结实，植物产生的大量植硅体中，大约有 8% 的植硅体由于其生物地球化学性质稳定，具有较强的抗分解和抗氧化能力，能够在千年的时间尺度上稳定地积累在土壤中[13]。植硅体碳在植硅体这个“强硬外壳”的保护下，同样也富有较强的抗氧化和抗分解能力，能够在植物体内或者土壤中安全地保存下来，使其中的碳能够稳定地封存在自然界中成千上万年。竹子各器官中（竹叶、竹竿、竹根、竹鞭、竹箢、竹枝）都含有丰富的植硅体碳，其中竹叶含有的植硅体碳量最多，约占 60%。竹林在生长更新过程中，形成了大量的竹叶及生物质，因此在不断地吸收固碳，并包裹生成植硅体碳。另外，竹林枯枝落叶凋落分解后，其中的植硅体碳又进入土壤中不断积累汇集起来，使其中的碳在千年尺度上不能跑回大气中，形成一种十分稳定安全的封存碳汇，我们把它称为植硅体碳汇过程（图 4-9）。或许千年以前古人的一声叹息，吐出的二氧化碳就被封存在

图 4-9　植硅体碳形成和积累机制示意图

某一颗植硅体碳中，因此，我们说植硅体以及植硅体碳是竹子的“宝石”也并不为过。

## 三、“宝石”封存碳的能力

植硅体的碳封存能力简直是一个奇迹，被植硅体固定住的碳，好比是“宝塔镇河妖”，再无出头之日。那么这样的“终极”固碳量如何呢？来算一笔账：

据调查测算，竹林植硅体碳年积累速率约为 50 ~ 80 千克二氧化碳 / 公顷，是其他森林类型的 3 ~ 80 倍。目前中国森林植硅体碳汇能力约为（1.70 ± 0.40）× $10^6$ 吨二氧化碳 / 年，其中约 30% 的贡献来自竹林。分具体竹种来看：中国 8 种主要丛生竹生态系统植硅体碳总储量约为 9.17 × $10^5$ 吨碳，储量大小依次为：慈竹＞黄竹＞龙竹＞青皮竹＞粉单竹＞麻竹＞缅甸竹＞绿竹（图 4-10）[14]。8 种主要散生竹单位面积植硅体碳储量大小依次为：淡竹＞毛竹＞苦竹＞茶秆竹＞石竹＞水竹＞高节竹＞箬竹（图 4-11）[15]；散生竹生态系统植硅体碳总储量约为 114.54 × $10^5$ 吨碳，其中竹子中植硅体碳储量为 3.01 × $10^5$ 吨碳，土壤中植硅体碳储量为 111.53 × $10^5$ 吨碳，植硅体碳绝大部分都累积在竹林土壤中。换算成二氧化碳的话，中国 8 种主要散生竹和 8 种主要丛生竹，目前通过植硅体大约封存了 4.54 × $10^7$ 吨当量的二氧化碳。请注意，这个数量的二氧化碳想要再次进入大气，重见天日，可是要“千年等一回”了。

毛竹作为典型的散生竹种，分布面积最广，因此毛竹林植硅体碳汇能力也比别的竹种要强。毛竹各器官中植硅体碳年产量为竹叶＞竹秆＞竹根＞竹鞭＞竹篼＞竹枝，其中竹叶所做的贡献达到 60% 以上。对比亚热带不同森林类型土壤（0 ~ 30 厘米）植硅体碳储量发现（图 4-12），毛竹林土壤植硅体碳储量（0.80 吨 / 公顷）明显大于杉木林（0.57 吨 / 公顷）、阔叶林（0.49 吨 / 公顷）

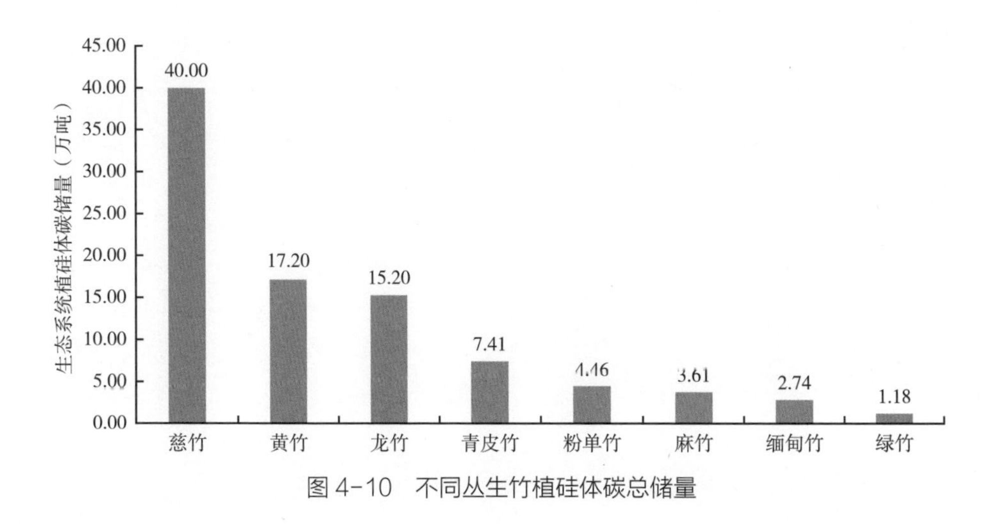


图 4-10　不同丛生竹植硅体碳总储量

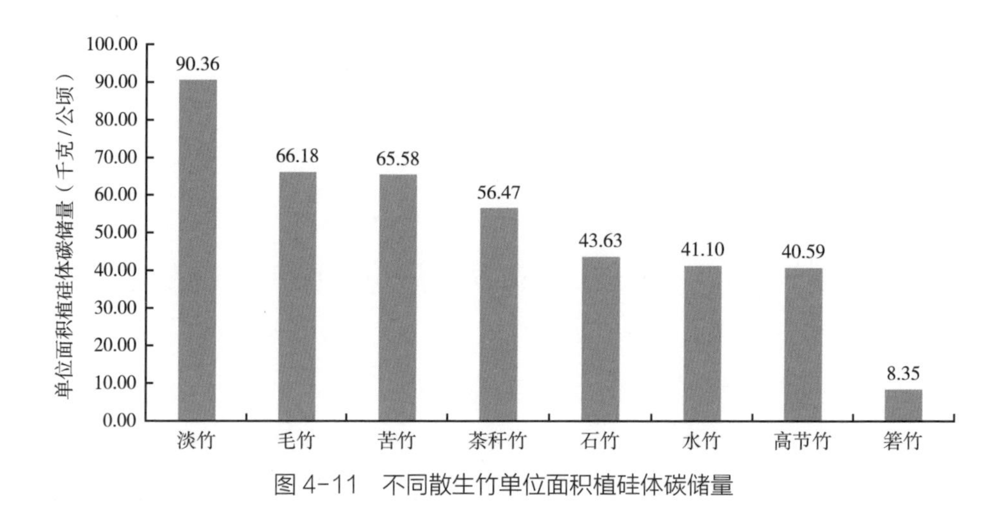

图 4-11　不同散生竹单位面积植硅体碳储量

和针阔混交林（0.44 吨 / 公顷）[16]。并且毛竹林植硅体碳年封存速率（50.60 千克二氧化碳当量 / 公顷）显著大于杉木（5.60 千克二氧化碳当量 / 公顷）和马尾松（10.80 千克二氧化碳当量 / 公顷 / 年）（图 4-13）[17]。由此可见，毛竹林具有极强的植硅体碳封存潜力，以一抵十，功绩显赫，原来我们常见的毛竹林中“宝石”含量特别多，看来，我们对大自然中即使是司空见惯的事物其实依然知之甚少！

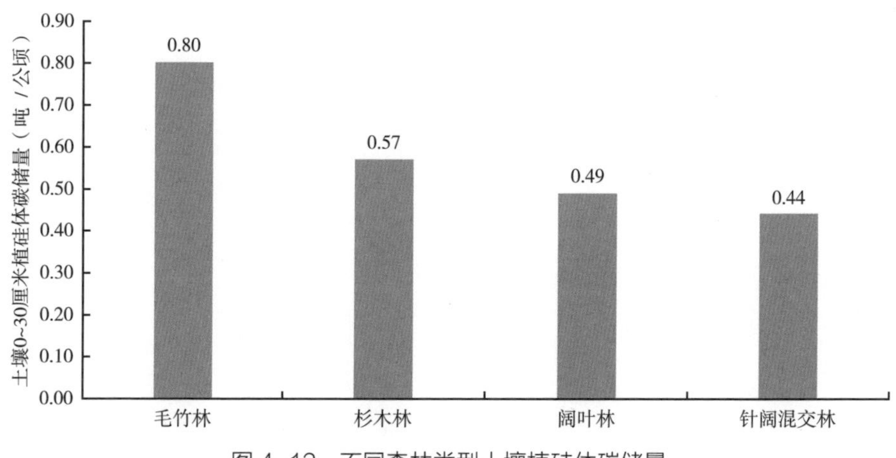

图 4-12　不同森林类型土壤植硅体碳储量

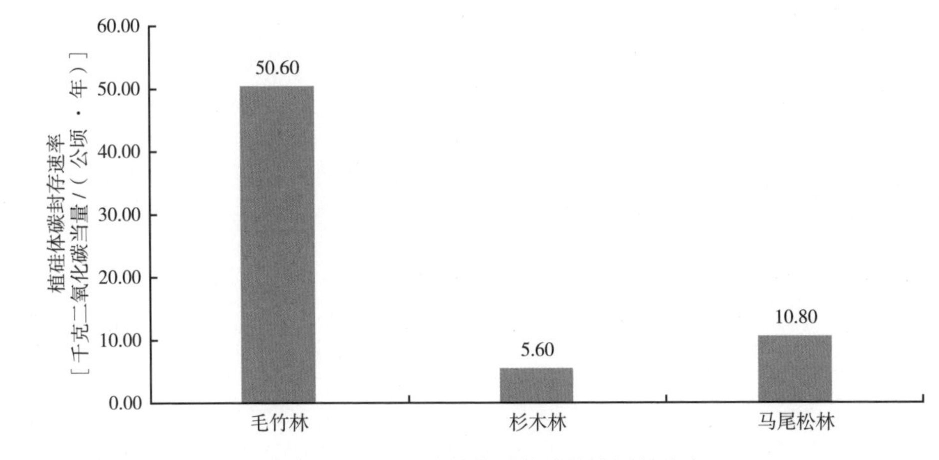


图 4-13 不同森林类型植硅体碳封存速率

通过科学的手段，我们仿佛也从竹子中发现了神奇的“辉夜姬”。还记得第三章中提到的吗？为了保证竹林家族的生生不息，为了实现竹林长期固碳的最大化，竹子个体会快速成熟，快速更新，腾出固碳空间，采取异地储存的策略。正如《竹取物语》的美丽传说一样，长大以后美丽的辉夜姬自有一番人间的历程。那么，采伐下来的成熟竹子中储存的碳会到哪里去经历一番新的旅程呢？碳的旅行足迹又是怎样的精彩纷呈呢？让我们进入下一章去寻访碳的踪迹吧！

# 第五章
# 寻碳之踪

然后携你到那昌明隆盛之邦，诗礼簪缨之族，花柳繁华地，温柔富贵乡去安身乐业。

——曹雪芹《红楼梦》第一回

# 第一节
# 离开竹林后的精彩呈现

完成于清代乾隆时期的国宝竹雕提梁卣，以竹材仿青铜器卣的造型，突破了竹材固有的圆筒形状，形状丰富多彩，质地有象牙质感，惟妙惟肖，穷工殚巧，可以说是竹刻的鼎盛之作。你能想象这是几百年前的一截竹子固定下的二氧化碳的艺术吗？它从竹林中被砍伐下来以后，经历了怎样一番历程？直至被乾隆皇帝欣赏把玩，而后在北京故宫中永远地被保存下来。

无独有偶，在另一个喜爱竹子的国度日本，也有许多竹子制成的国宝。日本茶道集大成者千利休随丰臣秀吉出征小田原时，经过伊豆韭山时，直接就地取材以一截有裂痕的竹节制成了名为“一重切”的竹花入，用于茶道之中，在残缺中发现竹子的本质之美，呈现出日式美学的枯寂之感。这件花入收藏于东京国立博物馆，高 33.90 厘米，口径 10.90 厘米，底径 11.20 厘米。千利休在临终前完成的最后一件茶器，也是一件竹制品，那是一把茶勺，他将之命名为“泪”，同样享有着最高的美学地位，被历代日本茶道界奉为圣物。

这几个例子或许可称为竹艺术固碳的典范，同时也帮助我们思考一个新的问题——竹子在离开竹林后以何种形式固碳并存在着？

我们已经知道，竹子的一大优点就是可以快速成熟，快速采伐利用。竹子吸碳、固碳效率高，长得快，这是竹子的本事。现在如何把竹子加工好、利用好，那就要看我们人类的本事了。因此，采伐利用竹子在整个竹林碳汇的过程中是个重要的环节。竹子是大自然赠予人类的珍贵礼物，全身都是宝，可以被我们全株利用。竹产品与人类的日常生活密不可分，在我们的衣、食、住、行、用、娱、赏等方方面面如影随形。竹子被采伐以后，去了一个怎样全新的大千世界（图 5-1、图 5-2）?

图 5-1　采伐成熟竹子

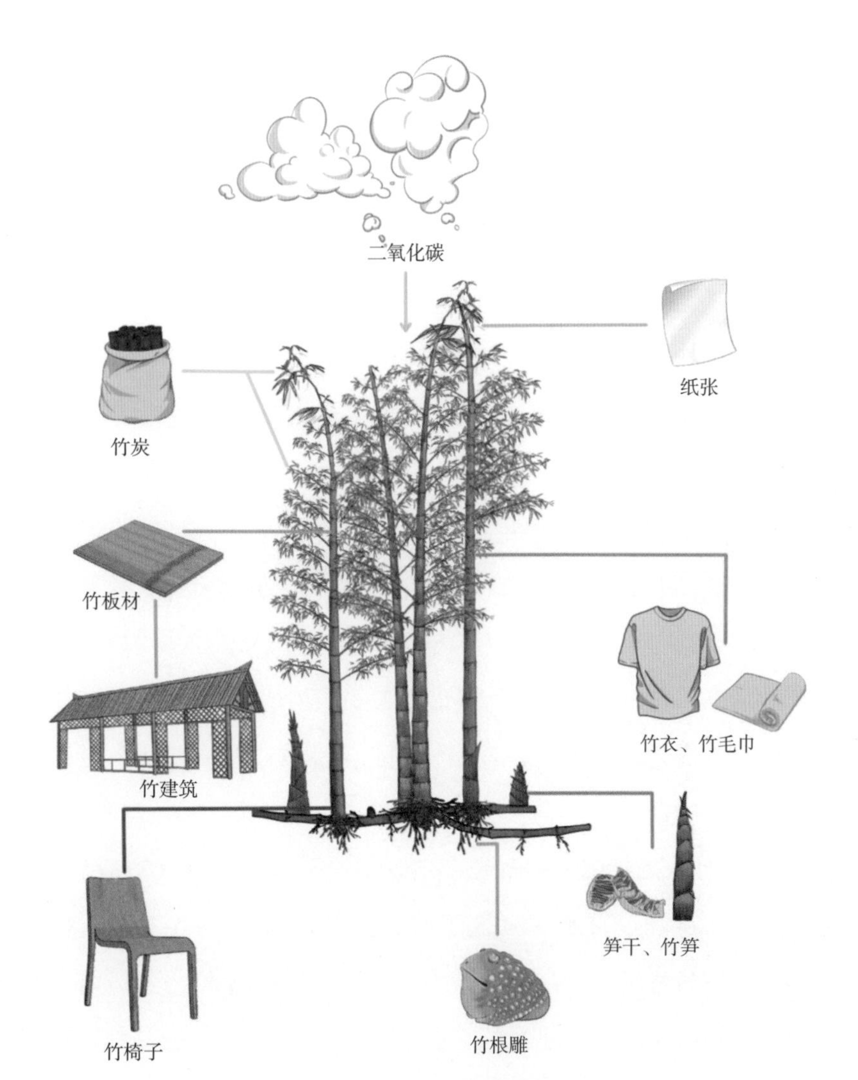


图 5-2 竹子全株利用示意图

## 一、衣：竹服饰

竹子能穿在身上吗？其实早在秦汉时期，中国人就发明了用竹子来制布、做帽子的方法，在头饰上还大量使用竹簪、竹篦箕、竹箍等。更为普遍的是用竹做防雨的竹鞋、竹斗笠，并且沿用至今。在震惊中外的西汉马王堆考古发掘的出土文物中，就有插在发髻上的竹笄。古代还有一种竹子做的衣服，那是用无数小竹管编缀而成的工艺品，酷暑时穿一定格外凉爽。然而作为一个产业，现代技术带动了竹服装业的发展。通过改变原有竹材的结构和组成的基本物质形态从而形成技术衍生品，目前市面上应用最广泛的成品便是竹纤维。竹纤维纺织品因其穿着舒适、凉爽透气，起到调湿调温的作用，而备受人们的青睐。

大多数人不知道，穿衣服也是一件“危险”的事。根据世界自然基金会的数据，一件用棉做的T恤，其生产过程要用2700升水，分量足够一个人喝上三年。塑料纤维则消耗不可再生的石油资源，另外，石化工业是全球污染最高的行业。洗衣服的时候散落在水里与排进海里的这些纤维，无法分解且易吸附环境中的有毒物质，比塑料容器与塑料微粒更普及，也更难杜绝。由于这些纤维非常细小，它们很容易被鱼类和其他海洋生物当成食物，最后经过食物链进入人类的身体之中。与此同时，人们的商品欲望愈演愈烈，随着各个世界级品牌的商业推动，已让衣服进入“抛弃式”的时代。绿色和平组织指出，2000—2014年，成衣生产增加了2倍。2014年产量突破了1000亿件，而相较于15年前，每年每人平均购买衣服增加了60%，但保留下来的衣服却不到一半。因此，用竹纤维这样的真正节能又环保的材料制衣（图5-3），能够吸碳、环保、自然、可循环、可再生，希望能成为未来各大服装品牌以及时尚人

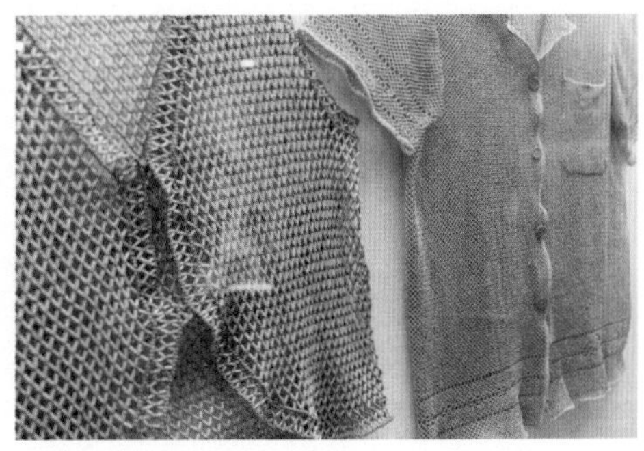

图5-3　竹服饰

士、消费大众的首选。

## 二、食：竹饮食

中国南方人的餐桌上如果增加一味笋，一定会大大彰显特色。竹笋早在西周时期已成为餐桌上的美味，此后相沿不衰。据《左传》记载，竹笋在东周时代是尊贵的贡品，齐桓公出兵攻打楚国的两个理由之一竟然就是因为楚王没有向周天子进贡竹笋。后代的美食家都知道，荤腥类最鲜不过螃蟹，素食中鲜美要数竹笋。因此，中央电视台拍摄的纪录片《舌尖上的中国》第二道介绍的中国美食就是竹笋。竹笋以外，竹实又称竹米，也可以食用，虽然竹实并不常见，但历史上却帮助过灾年的百姓度过饥荒。

现代竹笋产品主要有鲜笋、水煮笋罐头、盐水煮笋、笋干、笋丝等。竹笋有良好的营养价值，是一种理想的保健美容食品，它富含蛋白质、胡萝卜素、多种维生素及铁、磷、镁等无机盐和有益健康的多种氨基酸，特别是含量很高的纤维素，可以减少人体对脂肪的吸收，增加肠的蠕动，促进消化，减少高血脂引发疾病的发病率。当然除了上述这些营养、功效，最重要的还是竹笋食品爽脆的口感以及鲜美的滋味（图 5-4）。

饮食之道，饮在食前，竹子一身宝，除了吃，还可以喝。用竹实酿酒古

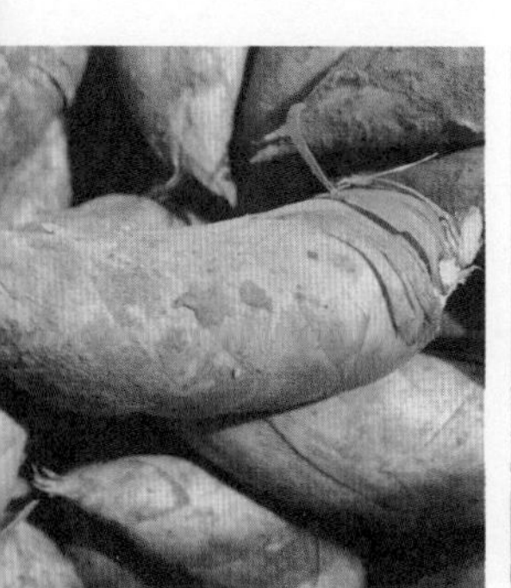

图 5-4 竹食品

已有之。两宋时期，天下流行点茶、斗茶，据说用竹沥水点出的茶，茶汤的美味甚至超过了用天下名泉点出的茶汤。其实有一种中药就叫作鲜竹沥，可以用于降火，清热化痰。如今还有用竹提取物制成的竹汁饮料，就是利用毛竹的体液、竹叶、淡竹叶的特殊功能开发的植物饮料，能够清火、除烦，对抗体表干燥。

## 三、住：竹家居、竹建筑

人类很早就以竹为屋，竹被用作房屋各个部分的建筑材料。现在中国的南方以及东南亚地区，还保存着用竹子搭建的吊脚楼，可以防湿气、防蛇虫。清代沈日霖的《粤西琐记》中记载："不瓦而盖，盖以竹；不砖而墙，墙以竹；不板而门，门以竹。其余若椽、若楞、若窗牖、若承壁，莫非竹者。"再如园林中的竹亭、山水画中的竹茶寮、大观园中的潇湘馆，中国的竹建筑无不体现了尚俭归朴的生活情趣、优美和谐与空灵飘逸的审美理想。

而这种美的生活理想在当今的科技帮助之下更加发扬光大。竹材加工技术大力发展，竹子在家居内部的利用越来越丰富，产品主要有竹家具、竹地板、竹构件、竹装潢等。其中我国自主研发创新的竹地板已处于国际领先水平。西班牙马德里的机场、无锡的剧院等世界级的建筑物内部都以竹材料装饰（图 5–5）。

竹子建筑的发展更是令人赞叹。比如位于泰国的 Panyaden 国际学校体育馆（图 5–6），占地面积 782 米$^2$，包括篮球馆、排球馆、羽毛球馆和一个可以自动升降的舞台。舞台的背景墙后面是一个储藏运动和戏剧设备的储藏室。两侧的长看台为家长和其他参观者提供欣赏运动赛事和表演的空间。这一切全部由原竹建成。

再来看中国设计师利用原竹设计的恢宏现代建筑——滇池古渡大码头（图

图 5-5 竹家居与建筑

图 5-6 Panyaden 国际学校

5-7）。该建筑位于云南，北临滇池，其余三面被生态湿地公园环绕。因本土特色的竹材运用赋予了大码头“古滇王国”悠久的历史文化底蕴，具有独有的建筑魅力和场所特质。建筑师推崇竹子原生的技术美学，达成了“根植于环境，融合于自然”的创作理念。

位于浙江安吉的竹境小筑也是继承传统却真正突破传统的原竹建筑（图5-8）。竹境小筑以圆为基本意象，以框景将远处凤凰山的苍翠景致纳入茶亭的核心视野。竹构的主体采用弯竹绑扎配合金属件连接形成的伞状结构作为支撑，并由圈梁对不同的结构单元进行横向约束。内部结构充分利用竹材特性，通过弯曲和搭接形成新颖的竹构空间，利用竹材灵活柔韧的特点创造出树下乘

图 5-7 滇池古渡大码头

图 5-8 安吉竹境小筑

凉般的传统空间意趣。而像这样优秀的竹子建筑作品，早已经超出了我们一般对竹子应用于建筑材料的想象，无论是国际还是国内将会有越来越广阔的前景。与此同时，竹子建材的能源消耗少，寿命又很长，也成为固碳、储碳的一种有利形式。

## 四、行：竹交通工具

中国人自古就会用竹来开路、架桥、制舟、做轿，竹交通设施和运输工具成为一道独特的文化景观。竹桥也称竹梁，在中国南方，无论水乡泽国，还是丘陵山地，都能找到竹桥的姿影。西南的许多深山幽谷间至今还保存着竹索桥这种独特的交通工具。1989 年由中国承建的德国毕梯海姆市恩茨河桥，全部采用竹子完成，被誉为“来自东方的奇观”。“小小竹排江中游，巍巍青山两岸走”，桥梁以外，人们最常见到和使用的就是竹筏，主要流行于长江以南地区。还有一种中国特有的人力交通工具不能忘记，那就是早在唐宋时期就广为流行的竹轿。竹轿又称“滑竿”，如今在南方的山区旅游还可以体验到坐着竹轿的惬意。

当下，竹子应用于交通工具已经转型升级（图 5–9）。主要是以竹皮层作为表面层，在竹皮层的下表面复合有一柔性基体层，这样能增强竹皮层整体的韧度、强度和可塑性。已经被应用到汽车内饰上，越来越受到人们的欢迎，市场发展前景不可小觑。

## 五、用：竹生产生活用具

竹材被大量用来制作成各种各样的日常生活器物，这方面大家不会陌生，如炊饮器具、消暑用具、家具等。农业、手工业、畜牧业和渔业都用到竹制

图 5-9 竹自行车与宝马车内竹装饰

生产工具。据统计，中国的竹编器具在明清时期达到 250 余种，包括凉席、凉枕、扇、箩、筐、篮、笼屉、竹扁、簸箕等。在中国的南方地区，还逐渐形成了富于地方特色的竹编用具手工艺，如安徽的舒席、四川自贡的竹丝扇、浙江嵊州的竹编等，成都的瓷胎竹编还曾被选送参加于 1915 年在美国旧金山举办的巴拿马万国博览会。大家都知道，人们还可利用竹子良好的纤维性能进行竹浆造纸，通过一系列工序过程形成生态环保、品质优良的传统竹纸张，而当今还可以把竹子切成超级薄片，直接形成“现代纸张”，如浙江农林大学运用自主研发的刨切微薄竹先进专利技术，制作并印刷成功被称为“史上最有科技含量的大学录取通知书”（图 5-10）。

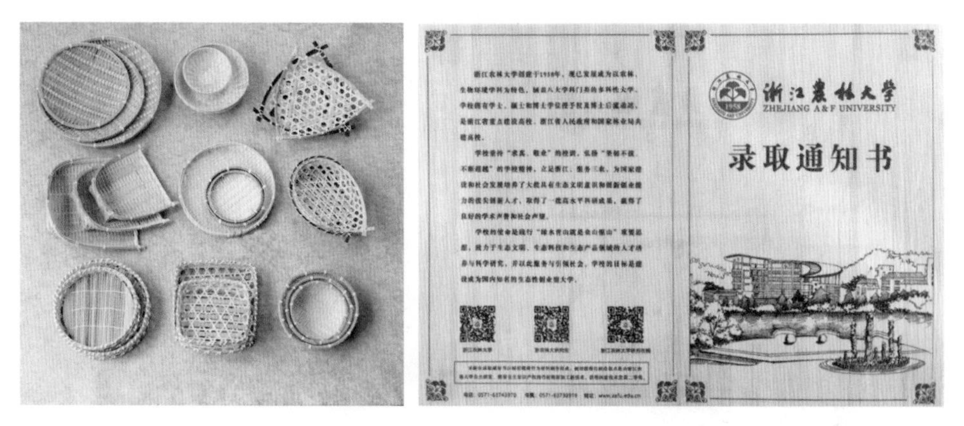


图 5-10　竹用具与现代竹纸

## 六、艺：竹乐器、竹工艺品

竹是中国民族乐器的重要制作材料，中国人自古将音乐称为“丝竹管弦”。“竹”在其中就代表了管乐，而“丝”则代表弦乐，可见竹在中国民乐中有着“半壁江山”。主要的竹乐器有：箫、笛子、笙、竽、筚篥、篪、古筝、筑、箜篌、竹琴、胡琴、巴乌、葫芦丝、花号等（图 5-11），还有从宋代传到日本成为国宝乐器的尺八。竹制乐器显示了中国传统音乐自然、灵动的特征，是中华民族“天人合一”态度的体现。

乐器之外还有玩具类的工艺品，竹篱笆、竹摇篮、竹蜻蜓、竹风筝以及青梅竹马，是儿时的美好记忆。竹马灯、踩高跷、竹顶竿、抖空竹、竹竿舞，都是“会玩”的竹子，就连国粹之一的麻将最早也都是竹牌呢！

竹子制作的工艺品是器物由实用走向审美的代表，主要分竹编与竹雕两大类。此类竹产品具有较高的观赏价值、艺术价值、文化价值和收藏价值，丰富了人们的精神生活，表现了中华民族娟秀细腻、清新淡雅、柔和婉约的审美趣味，给人带来美的享受。竹编类工艺品有许多精品，如创作于 1976 年的《九狮舞绣球》获得“东方珍宝”的美誉，并在 1999 年荣获国际竹制品博览会

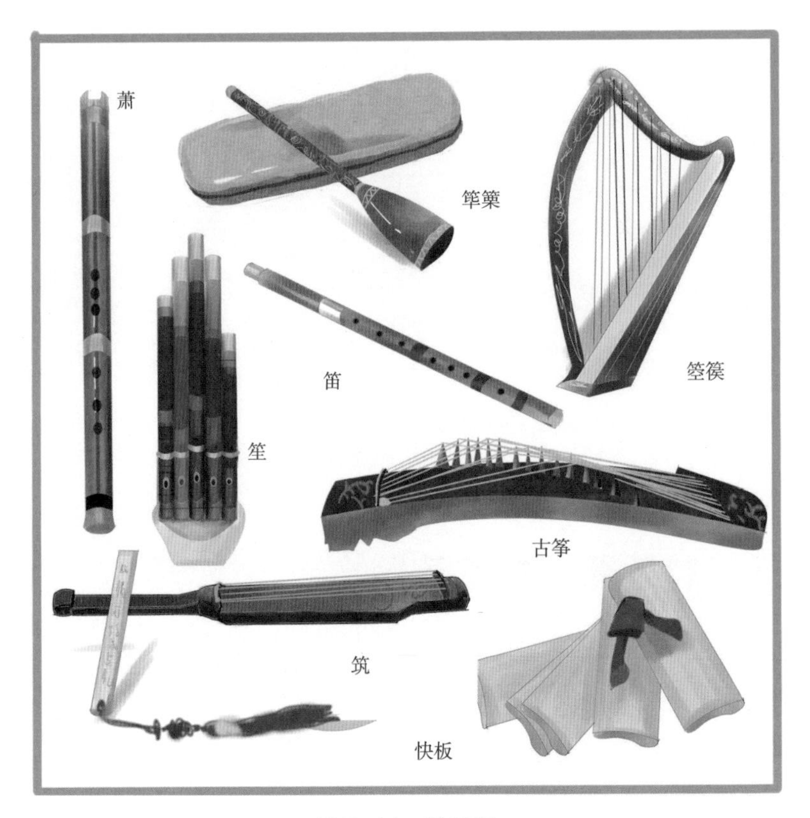


图 5-11　竹乐器

金奖；创作于 1978 年的《苏武牧羊》把人物的表情神态编织得生动形象，令人叹为观止，被中国工艺美术馆珍藏；1999 年为了喜迎澳门回归，浙江省政府赠送给澳门政府一件竹编艺术珍品《沧海还珠》。竹刻艺术自古以来更加为文人艺术家所推崇。久负盛名的嘉定竹刻从明代嘉靖、隆庆年间形成以来，名家辈出，作品始终为人所追捧，有些名家的作品往往使一截竹子的价值远远赛过了黄金。除了嘉定派，还有金陵派、浙派等竹刻艺术品，如竹筒、笔筒、香筒、臂搁、扇骨、人物、佛像等，各成风格，蔚为大观。

古往今来，竹子产品的类型多样，品种日益丰富，大家一定想不到，目前已开发利用的竹子产品竟有 3000 多种！如果我们愿意，甚至可以完全生活在由竹子产品构成的世界中。

# 第二节
# 加工后的百变竹材

竹子将从空气中吸收的碳“转移”到我们的日常世界之中，发生了翻天覆地的变化，这一切都有赖于竹子优良的材料性能和千变万化的加工技术。

在20世纪80年代中期以前，我国加工竹子往往是以直接将原竹做建筑材料和简单的手工作坊为主。随着改革开放的深入，80年代后期，我国竹产业由手工业向工业化方向发展。逐渐，工业化加工已经实现了全竹利用的“链式经营”，连竹叶、竹枝等都可以加工利用。以前我们只能在物理层面上利用竹子，对它的加工只是物质形状的改变，现在我们还可以在生物化学的领域高值化地利用竹子。

经过努力，我国目前已经形成了由原竹加工到生产成品的一条完整的竹材加工产业链，产业循环利用率已经高达100%。竹子可以被加工成7大系列的产品，形成了由竹质结构材料、竹装饰材料、竹日用品、竹纤维制品、竹质化学加工材料、竹工艺品、竹笋食品等3000多个品种组成的竹产品体系。

## 一、坚韧的竹材

我们大家都很熟悉竹子的外形，大多细长轻盈，别看竹子长得瘦，但却号称“植物钢筋”。能在大风中屹立不倒，又能作为优良的建筑材料。竹壁上呈梅花状分布的维管束以及周围的纤维薄壁细胞，就像建筑中的钢筋和混凝土，共同构筑了竹子坚韧的体格。毛竹比一般的木材抗压强度提高约 2 倍，且竹子好“弯”，抗拉强度基本接近 Q235 钢材水平，关键是密度仅有钢材的 1/10，混凝土的 1/3。

**1. 竹子的“节”构**

都说竹子虚心有节，竹子的典型段包含竹节和节间，其中节间是空心的，所有的材料都集中在外侧，这样在减小了自重的同时也增大整个截面惯性矩，其微观特性也反映了同样的规律，越靠近边缘细胞越为致密，使整个结构抗弯强度及刚度最大化。节点处内部有横膈，横膈避免了竹子由于过长而出现局部失稳破坏，类似于我们构件中的加劲肋。细心的朋友可能发现，竹节也不是均匀分布的，在底部和顶部分布更密，而在中间段分布较疏。

有学者对原竹做径向受压测试，有竹节试件的承载力约为没有竹节试件的 2 倍。在做轴向受压试验时，当构件较短时，竹节处的木质素相较于竹体纤维更加容易被破坏，反而强度较无竹节的原竹有所降低。竹节较节间材的抗弯强度、顺纹抗压和抗拉强度都有一定程度的降低，但抗劈强度和横纹抗拉强度有明显提高。由于竹子有节这一优秀的天然结构，这些特性被应用到了中国国际贸易中心（China World Trade Center）的结构方案设计中（图 5-12）。

**2. 竹筋混凝土**

除了神奇的“节”构，竹子的坚韧也被现代科技证明，远远超乎我们一般的理解。我们目前大量使用钢筋混凝土，有没有听过“竹筋混凝土”？其实鉴于竹材优秀的抗拉能力，在南美洲，早在前 300 年左右人们搭建房屋时便会在竹子外面糊上泥土形成“竹筋夯土墙”，缓解了土墙抗拉性能差的问题。在我国南方地区，20 世纪 50—60 年代在建造房子时，也有把竹子加工成条丝状被当成钢筋与水泥混合在一起做“竹筋混凝土”的，笔者的学校至今尚有 20

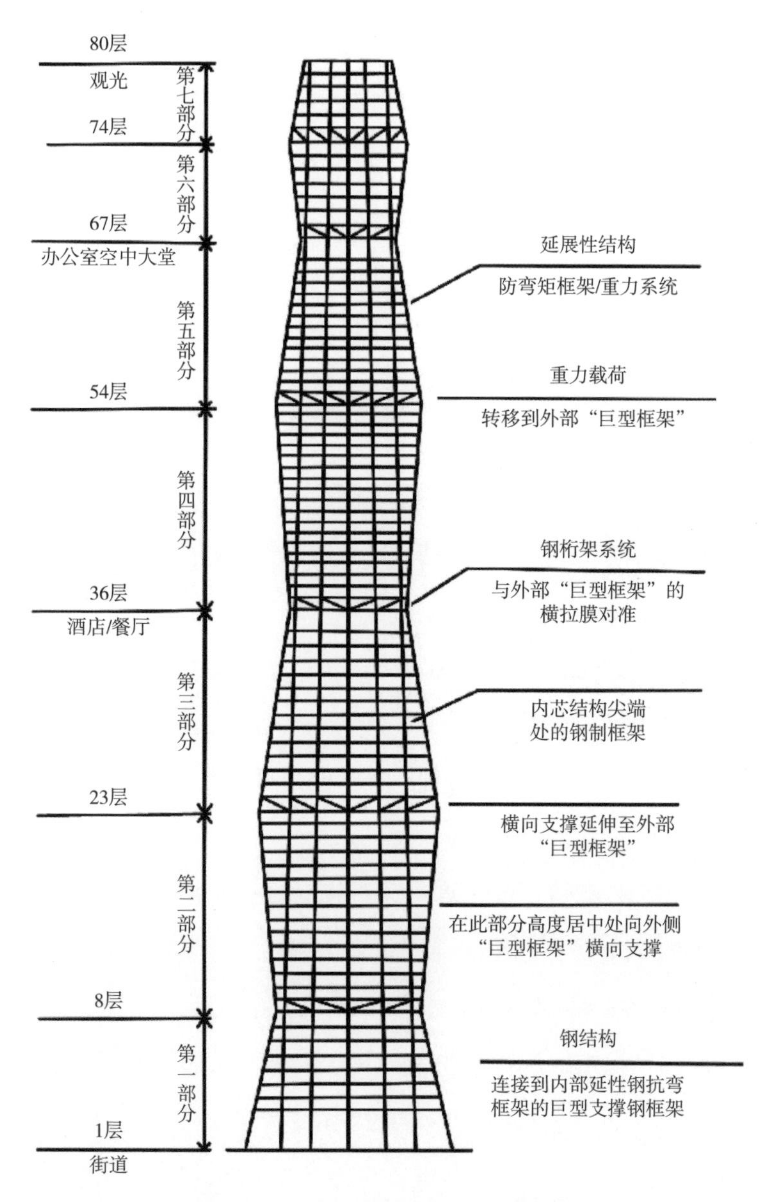


图 5-12　中国国际贸易中心结构方案

世纪 60 年代初建造的这样的房子存在。当然，当时主要是因为钢材缺乏被迫所为，而并非现在考虑绿色低碳的主动为之。正是因为竹材便宜又环保，所以 1914 年的麻省理工学院的一名学生写了一篇关于“竹作为加固混凝土的材料”

的论文，提出了“竹筋混凝土”的概念。目前对竹筋混凝土的研究还在进行，利用物理化学方法，使竹筋与混凝土能很好地共同工作。相较于钢筋、混凝土和水泥等常规建筑材料，低碳的竹材实属绿色建材。相关调查表明，竹材的生产能耗仅占混凝土的1/8，占钢材的1/50。竹材的保温隔热性好，在厚度相同的情况下，竹材的隔热值比混凝土高16倍，比钢材高400倍，能够大大减少居住时的使用能耗，提供一个舒适宜居的环境[18]。这一技术的最终成熟与应用令人期待。

### 3.“竹钢”重组材

所谓“竹钢”是通过一系列机械和化学加工工序将竹子重组形成各种不同几何形状的结构单元，再在一定的温度和压力下，利用化学黏结剂或材料自身的结合力压制而成的板状材料。通过加工工艺控制纤维的排布以及材料的处理，材料利用率可达90%以上，最高强度可以达到400兆帕左右，是普通植物的10倍，这真可谓是“竹钢”了。“竹钢”的防腐、防虫性能也很好，防白蚁实验显示，一年以后没有白蚁蛀蚀痕迹。经过阻燃处理以后，竹钢的防火性能可以达到一级标准。

竹钢不仅好，还省钱，可以算一算：竹钢的密度是水的1.20倍，普通钢材的密度是水的7.80倍，竹钢的强度是常用钢材的一半，竹钢含加工费的出厂价格是1万元/吨，钢材含加工费的出厂价是6000元/吨，也就是说，达到相同结构强度，钢材用量是竹钢的3.25倍，钢材造价是竹钢的1.95倍。与钢材这种高碳材料不同，这种“竹钢”本身就是碳基材料，可称得上是一种低碳甚至是储碳材料，具体可见下一节“追踪竹材的碳之旅”。如果未来竹钢能够普及，其环保价值与经济价值将不可限量。

## 二、先进的加工

由于毛竹是中空圆筒形状，因此它的加工利用与木材不同，难度当然要大得多。这个问题解决不了，竹材就难以大面积利用，总不能永远只做建筑工地的脚手架吧？目前我们从毛竹加工利用方面来看，主要有 4 种先进的现代生产技术：**集成技术、重组技术、展开技术、拉丝技术**。有了这 4 种技术，对竹子的利用取得了突破性的进展。通过这些技术生产的竹板材和竹拉丝材，是竹子加工过程的最重要中间产品，可以借此再进一步加工成竹地板、竹家具和竹席等形形色色、林林总总的丰富竹产品。其中竹板材在竹材产品中用途最广，所占的比例最大，其碳储量占竹材产品碳库的绝大部分。竹子的特征决定了同一根竹子有粗有细，加工的时候要分段对待才行，竹材加工工艺选择受到毛竹壁厚的影响（图 5–13）。

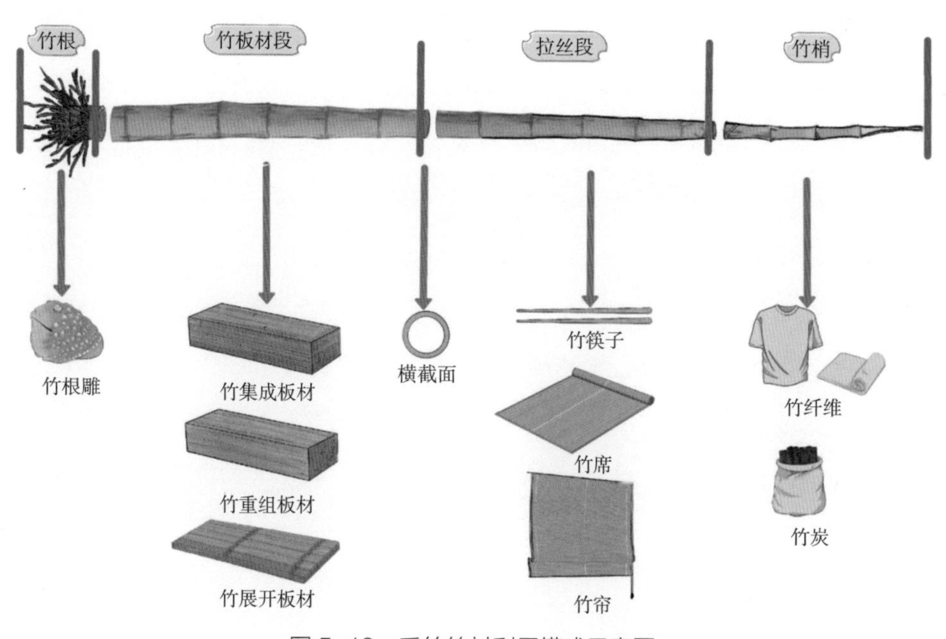


图 5–13　毛竹竹材利用模式示意图

怎样才能基于生产实际把一根竹子最有效地加工利用起来呢？这就形成了基于不同加工技术和分段利用的毛竹整株综合利用模式，主要有以下 3 种：

**集成模式：竹集成板材（壁厚 > 7 毫米）+ 竹拉丝材（壁厚 5~7 毫米）**

**重组模式：竹重组板材（壁厚 > 5 毫米）**

**展开模式：竹展开板材（壁厚 > 7 毫米）+ 竹拉丝材（壁厚 5~7 毫米）**

通过这些模式，人们就能根据竹子不同部位和壁厚将其制作成适合的竹材产品。

根据以上 4 种主要加工技术和 3 种毛竹整株综合利用模式，再考虑材料的经久耐用和后续加工需要，一般会先形成 4 种主要的基础竹材产品：**竹集成板材、竹重组板材、竹展开板材、竹拉丝材，以此作为形形色色最终竹材产品的加工原材料**。当然，在不同技术下、不同胸径毛竹产品的碳转移率是各有不同的。

### 1. 竹集成板材

竹集成板材是把竹秆锯断、开片、粗刨、干燥，然后精刨成竹条后，再用胶黏剂胶合压制成的板材。这种板材是竹子加工利用过程中一种重要的中间产品，是进一步加工成竹地板、竹家具单板等的基础材料，目前在竹材产品生产中用途最广，所占的比例也最大（图 5–14）。

### 2. 竹重组板材

竹重组板材指先将竹材疏解成统一长度的、相互交联并保持纤维原有排列方式的疏松网状纤维束，再经过干燥、施胶，然后组坯成型、冷压或热压而成板状或其他形式的材料。这样处理以后，竹材料的强度大大增加，可以用来作为工程结构材料、装饰材料、家具用材、地板等，经过模压还能具有各种特殊的用途（图 5–15）。

### 3. 竹展开板材

竹展开板材技术是将一根原竹一剖为二后，无裂纹的直接展开成为一片

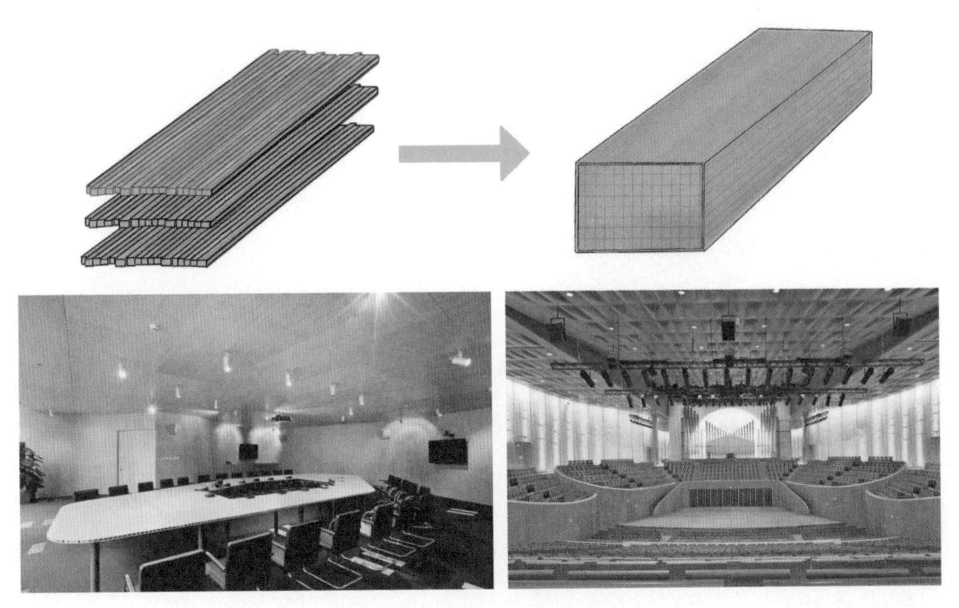

图 5-14　竹集成板材和产品

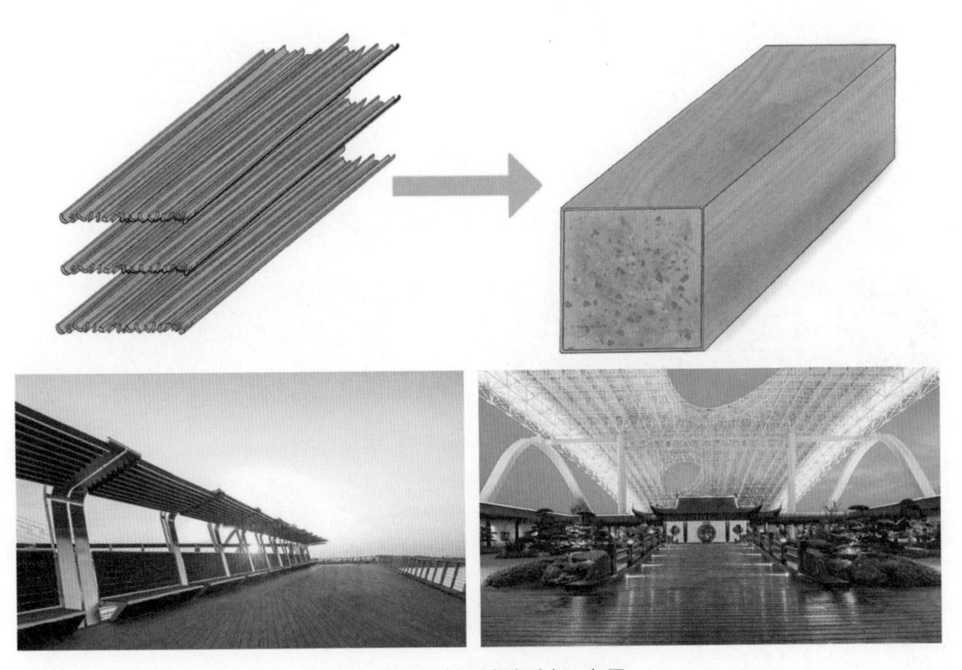

图 5-15　竹重组板材和产品

平板，听起来有点像天方夜谭。前面两种还容易理解，但将一个一个圆圆的竹筒都展开成竹板，岂不是中国人几千年来利用加工竹子所可望而不可即的事情吗？的确，原竹展开技术堪称竹材加工领域中的一次技术革命！它把在传统生产中使用的原竹段，在高温高压的特殊条件下，将半圆形甚至圆形的竹筒直接展开为表面无裂纹的平板。说起来简单，但具体工艺流程可不容易，截断竹秆后去掉内外节，对剖开槽，然后使竹子软化、展开、定型，之后还要进行双面刨，再烘干、修边、分选，最后涂胶压制形成竹展开板材。由于这项竹展开技术的运用，消除了竹集成板材的开片、粗刨、精刨等工序中废料的产生，大大提高了每一根竹子的利用率，也就等于更好地起到储碳的作用。竹展开后的产品是板状的天然材料，可以用于生产竹地板、竹砧板、竹家具、竹工艺品等。产品生态环保，市场前景广阔（图 5-16）。

图 5-16　竹展开板材和产品

4. 竹拉丝材

竹拉丝比较容易理解，就是将竹材加工成条状或片状，用于进一步生产竹席、竹筷和竹帘等竹材产品。这种工艺古已有之，千百年来中国竹加工的能工巧匠多是这方面的高手，当然如今依托专业的机器设备，可以更高效地生产出各种需求的标准化产品（图 5–17）。这种类型的竹材其实消耗量很大，在竹材产品中仅次于竹板材类产品。

图 5–17　竹拉丝材和产品

# 第三节
# 追踪竹材的碳之旅

## 一、竹材的碳转移

竹子离开了竹林被加工成竹材，就意味着竹子中的碳开始了从野外转移到人们日常生活的旅程。这个碳转移的过程引起了科学家的关注，在这个过程中，碳多了还是少了？如何来跟踪与计算呢？这就要掌握一个关键的要素，那就是竹材产品的碳转移率。

碳转移率指竹材产品碳储量除以生产该产品的原竹碳储量。通过对竹材产品生产企业加工流程的全程跟踪调查，计测产品生产每道工艺前后的重量来计算碳转移率。碳转移率与以下两个因素有关：

### 1. 竹材产品的碳转移与加工利用技术相关

之前介绍的4种最具有代表性技术生产出的竹板材和拉丝材产品中，就原竹段的综合碳转移来看，采用先进的竹展平技术生产的竹展开板材的碳转移率最大，平均为62.6%（52.4%~74.4%）；其次是竹重组板材，平均为59.8%（49.9%~68.0%）；采用传统的集成技术生产的竹集成板材，平均为37.0%（35.0%~39.7%）；最低的是竹拉丝材，平均为32.5%（24.2%~41.8%）（图5-18）[19]。

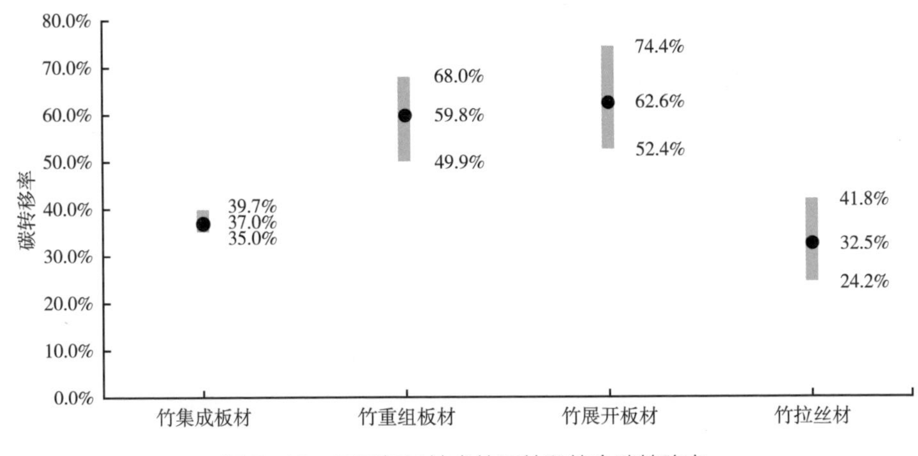


图 5-18　不同加工技术的原竹段综合碳转移率

**2. 竹材产品的碳转移与毛竹胸径大小相关**

由于毛竹胸径不同，其壁厚、长度、重量就不一样，可截取用于生产的竹板材段和竹拉丝段的数量、规格也有差异，因此，碳转移率会随着竹子的胸径增加而增加。因此在竹林的种植培育过程中培养出大直径的竹材，可以提高竹材产品生产中碳转移率及产量。

根据毛竹整株综合利用 3 种模式，不同胸径单株毛竹集成模式的整株综合碳转移率在 28.2% ~ 53.0%；不同胸径单株毛竹重组模式的整株综合碳转移率在 46.5% ~ 65.6%；不同胸径单株毛竹展开模式的整株综合碳转移率在 40.4% ~ 85.9%[19]。碳在竹子加工成的产品中被持续地固定着。以竹集成板材为例，毛竹砍伐后竹材经过加工利用生产成竹集成板材，竹集成板材继续加工成不同形式的竹地板和竹家具，这些竹材产品使用寿命长达数十年。在产品生产的过程中，竹子通过光合作用固定的碳相当一部分转移到了竹材产品中，从而长期延缓了碳排放。而且，竹材加工工艺技术越高，竹材的利用率就越高，竹子的碳转移率也就越高。据统计，中国毛竹每年转移到竹材产品中的碳有 1340 万吨，形成巨大的竹材产品碳库，这个越来越庞大的竹材产品碳库起到了长期固定二氧化碳的作用，善莫大焉！

## 二、追寻碳足迹

竹材加工成为竹材产品的过程是一次“携碳旅行”，在它们各自的主人那皆有一番际遇，在不同的旅行驿站都会留下碳的足迹。然而我们关心的是其更大的命运——从存在到消亡。不禁又想起了那个命题：我们从何处来？我们是谁？我们向何处去？在此，必须认识一个新的概念：**碳足迹**（carbon foot print）。碳足迹也称碳指纹（carbon finger print）和碳排放量（carbon emissions），它标示一个人或者团体或一种产品的“碳耗用量”。通过碳足迹，我们就能了解一件竹材产品“一生”的碳旅行。

按照研究对象的不同，碳足迹可分为产品碳足迹、企业碳足迹和个人碳足迹。产品碳足迹指一项活动、一个产品（或服务）的整个生命周期，或者某一地理范围内直接和间接产生的二氧化碳排放量（或二氧化碳当量排放量）。

### 1. 碳足迹评估方法

追寻碳足迹自然并非易事，要有一整套科学、严谨的评估方法才能做到，主要包括以下几个方面：

（1）**评估标准及评估范围界定。**根据 BSI《PAS 2050：2008》规范，全面评估包括从原材料运输、产品生产到包装入库等生产过程中的碳足迹大小。

（2）**评估产品的选择。**选择主要竹材产品类型开展碳足迹研究。

（3）**功能单位确定。**在原材料运输、生产、入库中以单位质量为功能单位计算二氧化碳排放当量，最后结合产品规格（长、宽、厚），转换成每立方米竹材产品二氧化碳排放当量。

（4）**绘制过程图与确定估算系统边界。**在绘制过程图的基础上，确定系统评估边界。根据其排放量的大小确定优先次序，对排放量大的源重点关注。

（5）**碳排放数据的收集。**收集评估边界内碳排放的数据，包括初级（次级）活动水平数据、排放因子数据等。

（6）**二氧化碳排放当量的计算**。竹材产品总二氧化碳排放当量为各排放源的初级（次级）水平数据与排放因子乘积之和。

（7）**竹材产品自身碳储量的计测**。在竹子生产成竹材产品过程中，竹子吸收的碳汇转移到竹材产品中并长期固定下来。根据 PAS2050 规范，当产品包含生物碳并保留一年以上时，碳存储的影响将以加权平均的形式、以负的二氧化碳当量值纳入产品生命周期内的温室气体（GHGs）排放评价[20]。根据竹材产品加工过程的碳转移率和产品的使用寿命，可计测竹材产品存储的碳储量。

经过这样七个步骤，产品的碳足迹就一清二楚了。

### 2. 生产过程中的碳排放

我们一直在分析和强调竹子的吸碳与固碳，但是竹子在加工成产品过程中也需要排放碳（图 5-19）。竹子从原竹到各种竹材产品的生产过程中，碳排放分为三类：

（1）**运输过程化石能源碳排放**。也就是火车、汽车等交通工具在运输竹子时燃烧了汽油、柴油等所排放的二氧化碳。

（2）**加工过程电力能源碳排放**。也就是竹材产品加工中使用机器消耗的电能所排放的二氧化碳。要注意，这部分是竹子加工生产中碳排放最大的。

（3）**附加物隐含碳排放**。如竹材产品使用的纸板包装材料等。

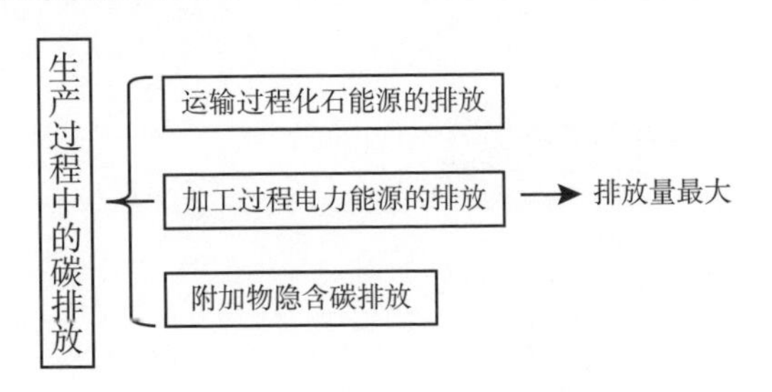


图 5-19　生产过程中的碳排放

了解整个生产过程中的碳排放情况是为了更精确地计测碳足迹。

## 三、碳足迹现形记

完成了以上一系列概念和知识的积累，我们就可以将竹材产品的碳足迹一步一步追寻清楚了，就像给竹材产品加了一个碳的“GPS定位跟踪器”，让隐秘的碳旅行足迹无法遁形。竹材加工工艺多种多样，各种加工工艺的流程图也不尽相同。下面我们就一起做一名出色的侦探，追踪各种“碳旅行线路”，让各种不同竹材产品的碳足迹一一现形吧！

### 1. 竹重组地板

**主要工艺流程：**经原竹–锯断、开片、分片、疏解、蒸煮、烘干、涂胶、烘干、压制等22道工序（图5–20），制成竹重组地板。

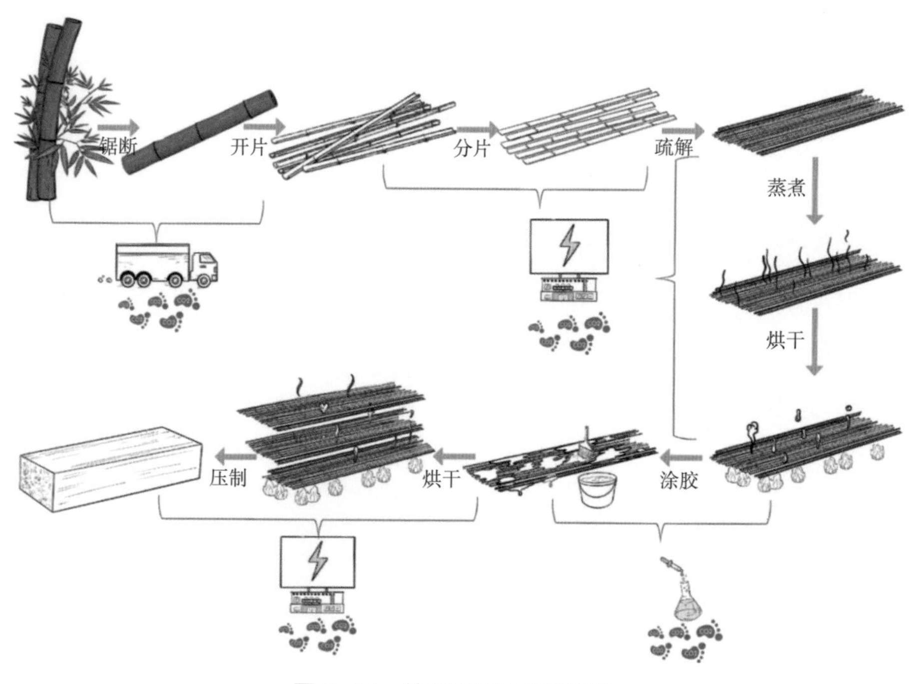


图5–20　竹重组地板工艺流程

**竹重组地板碳足迹评估结果：**我们将整个生产过程中的三类碳排放进行计测，并结合竹重组地板自身的碳储量，便可计算出竹重组地板（户外和室内）的碳足迹。

$C$（户外）$=C_1+C_2+C_3-C_4=31.04+143.56+78.33-249.11=3.82$

$C$（室内）$=C_1+C_2+C_3-C_4=27.19+156.38+73.12-205.11=51.58$

$C$——竹重组地板碳足迹　　　　$C_1$——运输过程化石能源碳排放

$C_2$——加工过程电力能源碳排放　$C_3$——附加物隐含碳排放

$C_4$——竹重组地板自身碳储量

生产 1 米$^3$竹重组地板（户外）过程中，运输过程碳排放为 31.04 千克，加工过程电力能源碳排放为 143.56 千克，附加物隐含碳排放为 78.33 千克；1 米$^3$竹重组地板（户外）自身碳储量为 249.11 千克。竹材产品碳足迹为生产过程中排放的二氧化碳总量减去竹材产品自身碳储量的值。所以 1 米$^3$竹重组地板（户外）的碳足迹为 3.82 千克二氧化碳当量（图 5-21）[19]。

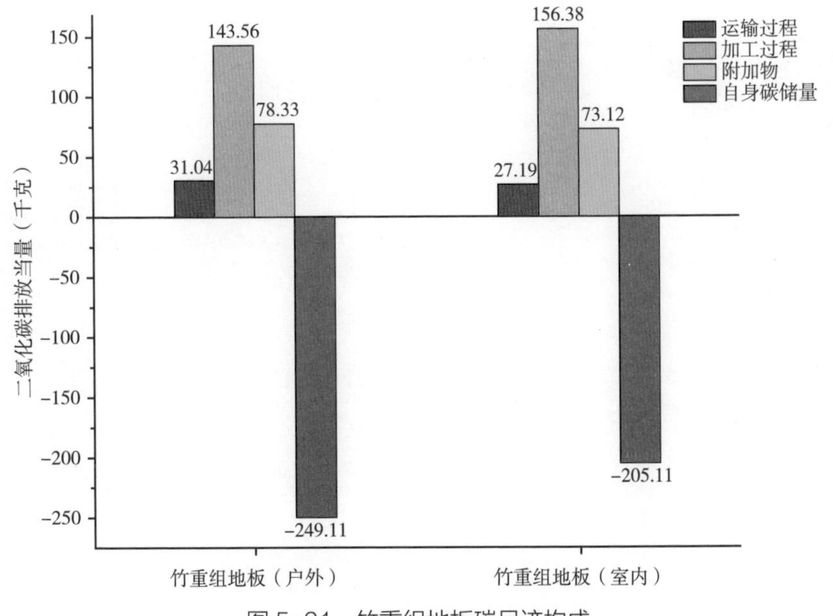


图 5-21　竹重组地板碳足迹构成

生产 1 米[3] 竹重组地板（室内）过程中，运输过程碳排放为 27.19 千克，加工过程电力能源碳排放为 156.38 千克，附加物隐含碳排放为 73.12 千克；1 米[3] 的竹重组地板（室内）自身碳储量为 205.11 千克。竹材产品碳足迹为生产过程中排放的二氧化碳总量减去竹材产品自身碳储量的值。所以 1 米[3] 竹重组地板（室内）的碳足迹为 51.58 千克二氧化碳当量（图 5–21）[19]。

**2. 竹展开地板**

**主要工艺流程：**经原竹 – 锯断、开槽、软化、展开、烘干、涂胶、压制等 19 道工序（图 5–22），制成竹展开地板。

**竹展开地板碳足迹评估结果：**

$C=C_1+C_2+C_3-C_4=31.22+87.80+31.82-168.75=-17.91$

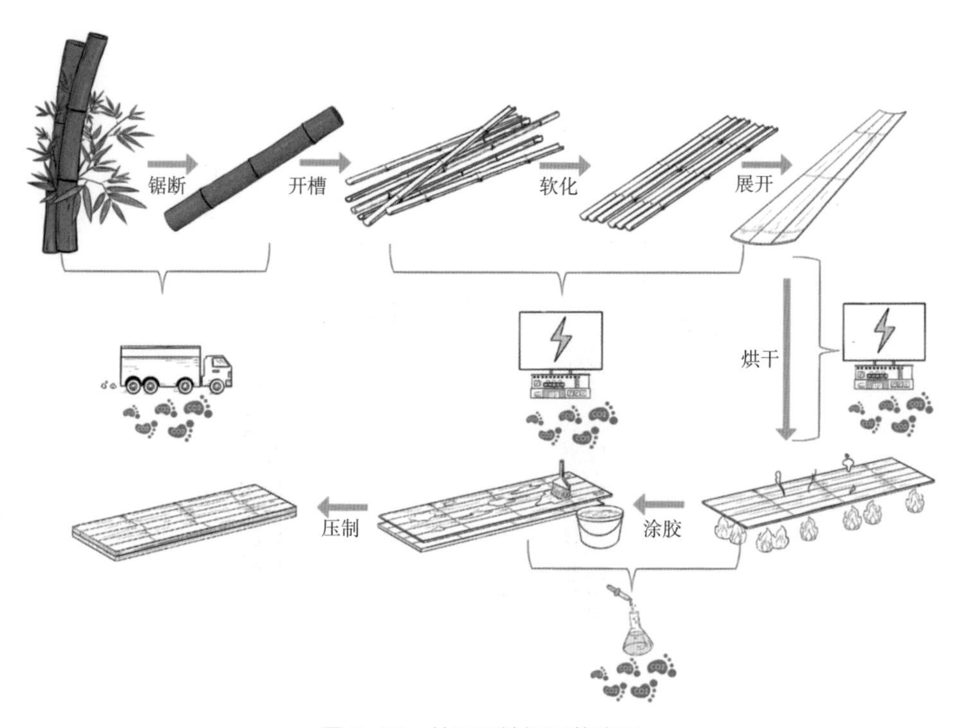


图 5–22　竹展开地板工艺流程

$C$——竹展开地板碳足迹　　　　　$C_1$——运输过程化石能源碳排放

$C_2$——加工过程电力能源碳排放　$C_3$——附加物隐含碳排放

$C_4$——竹展开地板自身碳储量

生产 1 米$^3$竹展开地板过程中，运输过程碳排放为 31.22 千克，加工过程电力能源碳排放为 87.80 千克，附加物隐含碳排放为 31.82 千克；1 米$^3$的竹展开地板自身碳储量为 168.75 千克。竹材产品碳足迹为生产过程中排放的二氧化碳总量减去竹材产品自身碳储量。所以 1 米$^3$竹展开地板的碳足迹为 –17.91 千克二氧化碳当量（图 5–23）[19]。

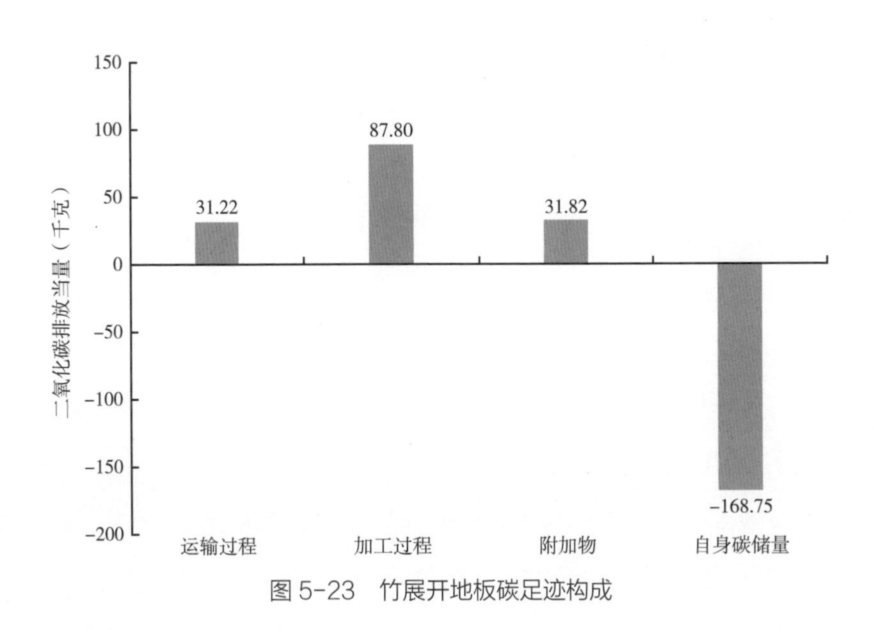


图 5–23　竹展开地板碳足迹构成

### 3. 竹集成地板

**主要工艺流程：**经原竹 – 锯断、开片、粗刨、蒸煮、烘干、精刨、涂胶、烘干、压制等 23 道工序（图 5–24），制成竹集成地板。

**竹集成地板碳足迹评估结果：**

$$C=C_1+C_2+C_3-C_4=37.09+253.47+30.20-168.15=152.61$$

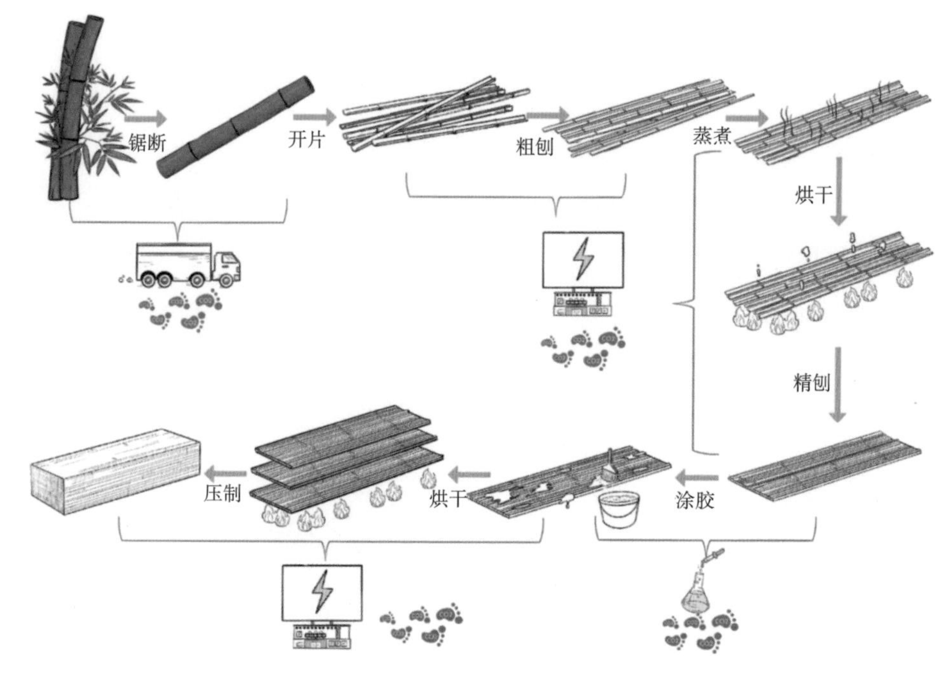


图 5-24 竹集成地板工艺流程

$C$——竹集成地板碳足迹　　$C_1$——运输过程化石能源碳排放

$C_2$——加工过程电力能源碳排放　$C_3$——附加物隐含碳排放

$C_4$——竹集成地板自身碳储量

生产 1 米$^3$竹集成地板过程中，运输过程碳排放为 37.09 千克，加工过程电力能源碳排放为 253.47 千克，附加物隐含碳排放为 30.20 千克；1 米$^3$竹集成地板的自身碳储量为 168.15 千克。竹材产品碳足迹为生产过程中排放的二氧化碳总量减去竹材产品自身碳储量。所以 1 米$^3$竹集成地板的碳足迹为 152.61 千克二氧化碳当量（Gu Lei et al.，2019）（图 5–25）[19]。

**4. 竹拉丝产品**

**主要工艺流程：**经原竹 – 锯断、开片、拉丝（竹帘丝、竹席丝、竹筷条）、碳化、烘干、编织等 10 多道工序（图 5–26），最后制成竹窗帘、竹地毯、竹凉席等产品。

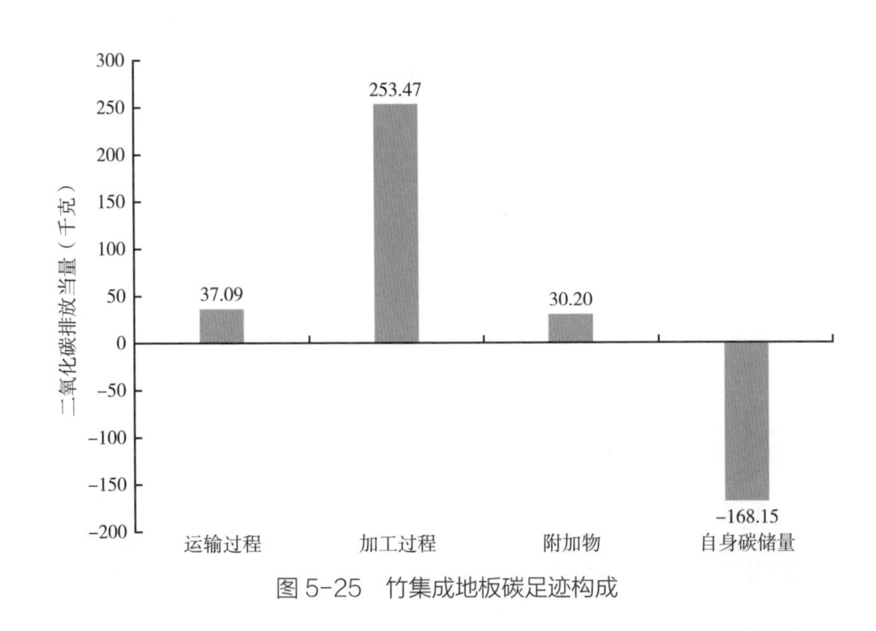


图 5-25　竹集成地板碳足迹构成

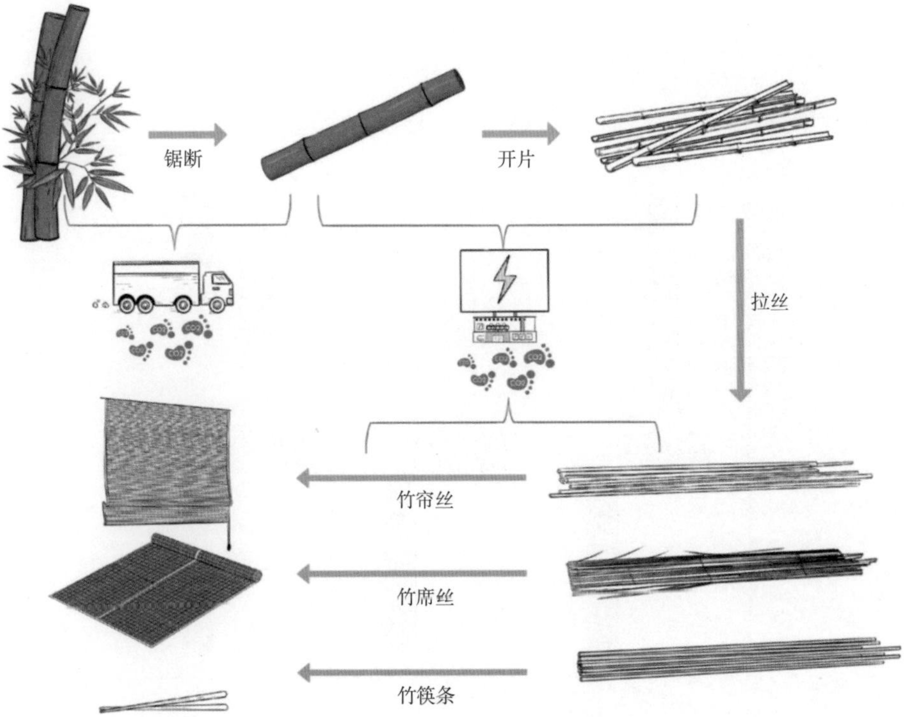

锯断

开片

拉丝

竹帘丝

竹席丝

竹筷条

图 5-26　竹拉丝产品工艺流程

**竹拉丝产品碳足迹评估结果：**

$C$（竹窗帘）$=C_1+C_2+C_3-C_4=28.85+187.67+26.00-124.46=118.06$

$C$（竹地毯）$=C_1+C_2+C_3-C_4=28.71+174.77+72.84-124.04=152.28$

$C$（竹凉席）$=C_1+C_2+C_3-C_4=30.96+178.10+32.15-128.98=112.23$

$C$——竹拉丝产品碳足迹　　$C_1$——运输过程化石能源碳排放

$C_2$——加工过程电力能源碳排放　$C_3$——附加物隐含碳排放

$C_4$——竹拉丝产品自身碳储量

生产 1 米$^3$ 竹窗帘过程中，运输过程碳排放为 28.85 千克，加工过程电力能源碳排放为 187.67 千克，附加物隐含碳排放为 26.00 千克；1 米$^3$ 竹窗帘的自身碳储量为 124.46 千克。竹材产品碳足迹为生产过程中排放的二氧化碳总量减去竹材产品自身碳储量的值。所以 1 米$^3$ 竹窗帘的碳足迹为 118.06 千克二氧化碳当量（图 5-27）[19]。

生产 1 米$^3$ 竹地毯过程中，运输过程碳排放为 28.71 千克，加工过程电力能源碳排放为 174.77 千克，附加物隐含碳排放为 72.84 千克；1 米$^3$ 竹地毯的

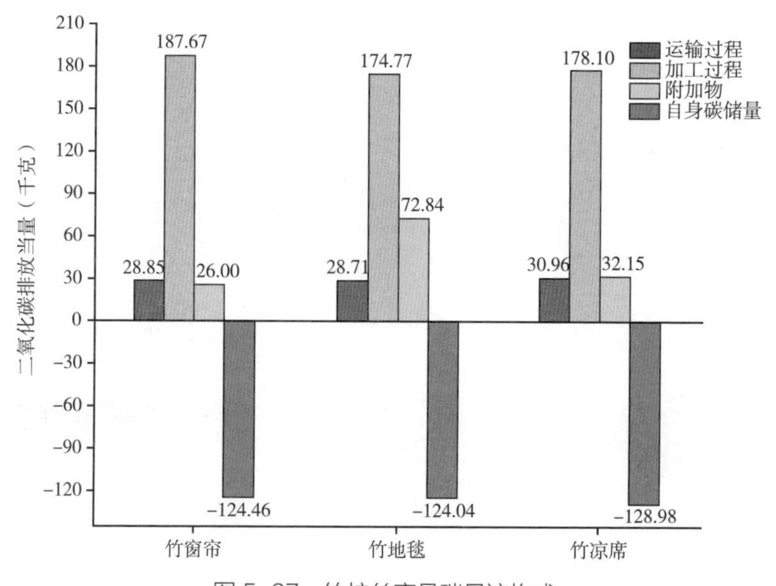


图 5-27　竹拉丝产品碳足迹构成

自身碳储量为 124.04 千克。竹材产品碳足迹为生产过程中排放的二氧化碳总量减去竹材产品自身碳储量的值。所以 1 米 $^3$ 的竹地毯碳足迹为 152.28 千克二氧化碳当量（图 5–27）[19]。

生产 1 米 $^3$ 竹凉席过程中，运输过程碳排放为 30.96 千克，加工过程电力能源碳排放为 178.10 千克，附加物隐含碳排放为 32.15 千克；1 米 $^3$ 竹凉席的自身碳储量为 128.98 千克。竹材产品碳足迹为生产过程中排放的二氧化碳总量减去竹材产品自身碳储量的值。所以 1 米 $^3$ 竹凉席的碳足迹为 112.23 千克二氧化碳当量（图 5–27）[19]。

**不同竹材产品碳足迹比较：**通过图 5–28 比较，我们发现，生产 1 米 $^3$ 不同竹材产品的碳足迹相差较大。竹展开地板碳足迹最低，为 –17.91 千克二氧化碳当量，是一种储碳产品，而竹集成地板碳足迹最高，为 152.61 千克二氧化碳当量。

**竹材产品与其他产品的碳足迹比较：**通过图 5–29 分析比较，我们发现，生产 1 米 $^3$ 竹材产品所释放的二氧化碳当量只有生产 1 米 $^3$ 其他材料的几百分之一

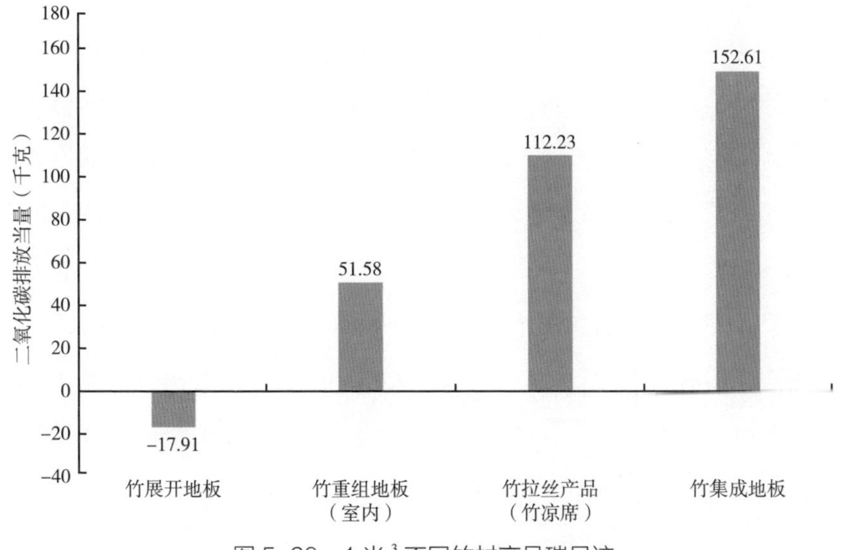


图 5–28　1 米 $^3$ 不同竹材产品碳足迹

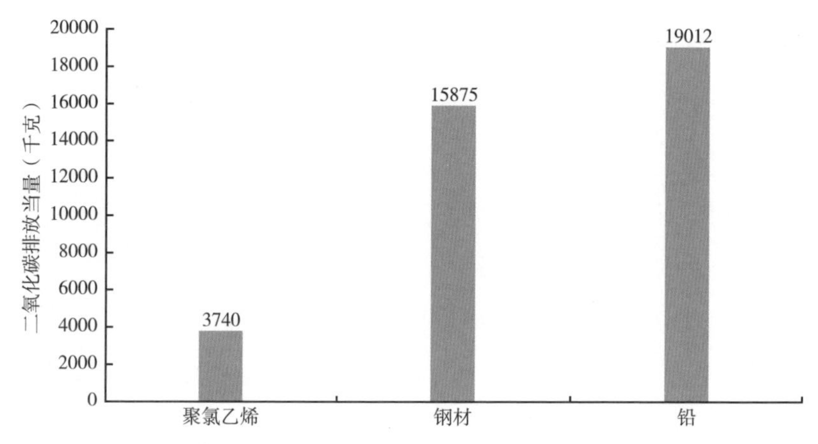


图 5-29　1 米$^3$其他材料的碳足迹（Pablo van der Lugt et al., 2017）

到几十分之一！我是真的被震撼到了，不得不佩服竹材产品的低碳环保性能。

## 四、产品碳标签

我们花了大量时间和精力搞清楚了产品的碳足迹，所为何事？仅仅是为了当一回科技侦探吗？原来，国际上提出并日渐兴起了一个“碳标签（Carbon Labelling）”的概念，它是一个缓解气候变化、减少温室气体排放、推广低碳技术的有效办法，是绿色低碳产品的“国际通行证”。碳标签是把商品在生产过程中所排放的温室气体在产品上用量化的指数标示出来，以标签的形式告知消费者产品的碳信息，目的是引导消费者做出低碳购物选择、鼓励绿色低碳消费（图 5-30）。

低碳产品指具备节能减排作用的产品。如今，大家节能减排的意识越来越强，很多家用电器上都会标出节能减排的指标，很多环保人士都会选择购买低排放的家电。现在我们知道了，天然的竹材产品其实就是最好的低碳产品之一。在我们的日常生活中如果选用竹材产品，如选用竹地板、竹家具和竹用品等，那么我们就减少了碳排放，为保护地球环境贡献了一份力量。

图 5-30　碳标签

竹林在吸碳、固碳、储碳方面具有神奇力量。竹林碳汇是减少二氧化碳排放，把我们从地球温室效应的糟糕处境中解救出来的一个良方。同时，我们现在还懂得了人为活动是会对竹林固碳以及碳的储存、转移等产生重要影响的，这个影响可能是负面的，但更可能是正面的。因此，竹林的重要性进一步地显现出来了——它是一根杠杆、一个支点——我们人类有没有办法与竹林共生、共谋，能不能想办法让竹林的固碳能力变得更强，让竹林中储存的碳变得更稳定呢？也许竹林还有着我们意想不到的碳汇潜能，这根竹子用碳汇这个支点，也许真的就撬动了地球！

下一章，我们将为竹林增加更多的二氧化碳，即竹林增碳。我们将运用竹林增碳的技术主动向温室气体发起反击。

# 第六章 增碳之术

万物燃烧。

他察觉——用云雀的飞翔姿势——

强大的树根

在地下甩动着的灯盏。

——特朗斯特罗姆《序曲》

（特朗斯特罗姆是 2011 年获得诺贝尔文学奖的瑞典诗人）

# 第一节
# 开源扩面：种竹增碳

既然竹子对吸碳、固碳有奇效，我们就可以寻找出充分利用竹子来进行固碳的方法，变被动为主动。请大家千万不要误会，这一章中的“增碳”可不是指去增加对大气的二氧化碳的排放量，而是指如何让竹林最大限度地增加固碳的能力，即增加对大气中二氧化碳的吸收量。

这就要分成竹林增碳“三部曲”，要诀是“扩面、提质、控排”：首先是扩大源头，通过扩大竹子造林面积来增加碳汇；其次是经营提质，通过科学经营现有竹林来增加其光合固碳的能力；最后就是控排稳碳，尽量减少竹林经营和竹材加工中的碳排放，稳碳也是重要的减少碳排放措施，是间接的增碳。

## 一、碳汇造林“六要”

碳汇造林与普通造林有什么区别吗?

碳汇造林指在确定了基线的土地上，以增加碳汇为主要目的，对造林及其林木（分）生长过程实施碳汇计量和监测而开展的有特殊要求的造林活动。与普通造林相比，碳汇造林突出森林的碳汇功能，具有定期开展碳汇计量与监测等特殊技术要求，强调森林的多重效益。可以看出，碳汇造林是一种更科学、更生态的造林方法，不仅增加碳汇也兼顾到了种竹人的长远经济利益。

碳汇造林作为一门技术已经被科学家反复试验，总结出了六大要点。这“六要”可以说是一本种好竹林、造福人类的秘籍（图 6-1）。

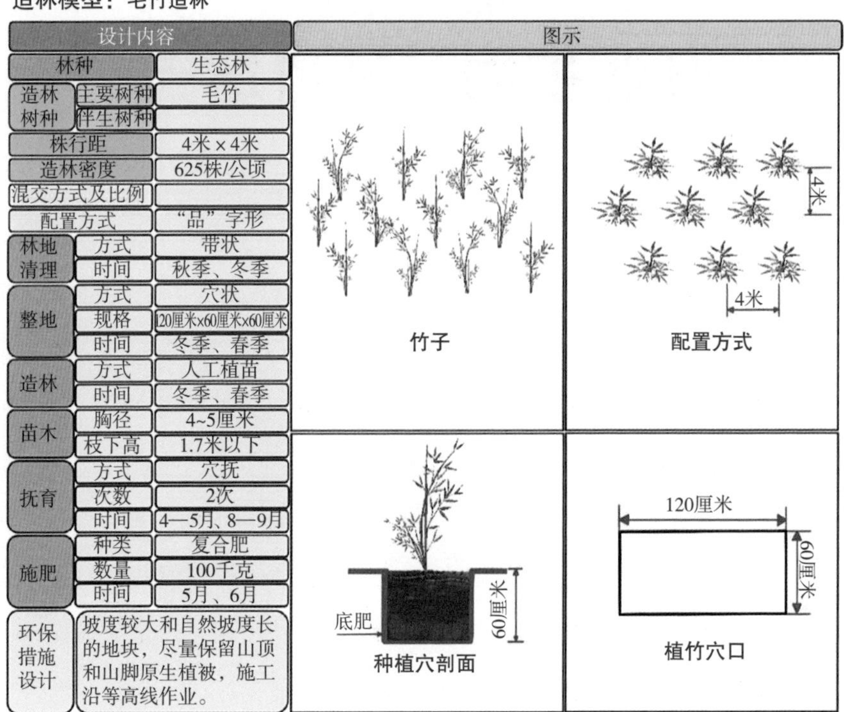


图 6-1　碳汇造林技术模式图

**（1）林地清理。**竹子碳汇造林不采取劈山炼山的林地清理方式，并且不清除原有的散生林木。采用块状（1 米$^2$左右）或带状割除杂草的方式清理林地。清理的杂草块状堆沤，以增加土壤腐殖质，提高土壤肥力[21]。这种方式貌似“原始”，其实是一种很先进的理念。这与日本静冈县挂川市的“茶草场农法”有异曲同工之妙，当地将茶园周边收割的芒草和竹叶等当成有机肥料铺在茶园的田埂上，改善茶园的土壤，注意保湿和保温，这样可以帮助土壤中的微生物繁殖，进而改善土壤的质量。这种耕作方式，既可生产出好茶叶，又保护了生物。在茶草场中，可观察到 300 种以上的草地植物，其中有 7 种被确认为特有物种。这种农法也被联合国粮食及农业组织列入“全球重要农业遗产”。

（2）**整地要求。**竹子造林采用的是穴状整地方式，并且沿等高线进行挖穴整地，严禁全垦整地。坑穴规格采用 120 厘米 ×60 厘米 ×60 厘米，原则上按照水平布设，上、下两行植穴“品”字形分布。整地宜于造林前一年的冬季前完成，让土壤有一段风化、熟化时间，有利于清除土壤中的病虫害、改良土壤结构和提高土壤肥力[21]。

（3）**苗木规格。**俗话说“今年笋子来年竹，少年体强老年福”。竹子造林首先就要选好母竹。母竹要选用 2~3 年生、生长健壮、分枝较低、枝叶繁茂、竹节正常、无病虫害的林中幼竹。准确的要求：胸径 3~6 厘米、竹高 2~4 米，留 3~5 盘枝。母竹要提前做好标记，使之在竹林中分布均衡。母竹要求具有植物检疫证书和质量检验合格证书，禁止使用无证的、来源不清的、带有病虫害的母竹上山造林[21]。去哪里选择好的母竹呢？来源应遵循就地或就近原则，优先选用当地或附近地区的合格母竹，以提高造林成活质量，并减少长距离运苗等活动。

（4）**栽植技术。**选好了母竹以后，栽种的时机非常重要，最合适的时间应该在早春，最好是在一场春雨把土地下透以后的阴雨天中进行。栽植时先在穴底垫上表土 10~15 厘米，然后解去母竹的捆扎物，轻轻将母竹放入穴中，使竹鞭根自如舒展，下部与土密接，再填土、踏实。填土深度要比母竹原来入土的深度高 3~5 厘米，填土成馒头形状，这样是为了防止积水烂了竹鞭。填土踏实的时候，要切记防止损伤鞭根和笋芽。栽好后要浇足“定兜水”。施工期间，技术人员需要到现场进行技术指导，加强质量检查，确保栽植质量。

（5）**种植密度。**科学确定造林的密度是重要的环节，这个密度是根据培育目标、立地条件确定的。碳汇造林的初植密度为625株/公顷，相当于42株/亩，每株之间的行距为4米 ×4米。这是根据竹林的生长发育特点确定的比较合理的密度。当然，根据当地竹苗（母竹）来源和价格情况，也可适当增减栽植密度。

（6）**管理措施。**刚刚种下去的竹林就好比是初生的婴儿，需要得到科学、及时的照料，主要包括抚育和追肥两个主要动作。什么叫抚育呢？抚育工作的内容主要是松土、除草、培土和兼顾补植，要有细心与耐心，真跟抚育宝宝一样。造林的当年以及第二年、第三年必须各抚育一次。当年的9—10月进行抚育，次年和第三年的3—5月进行抚育。追肥，顾名思义就是给新生竹林施加肥力，就像不停地给婴儿喂奶。追肥的标准均为每穴追施0.36千克复合肥，复合肥由氮、磷、钾（N–P–K）构成，三种的含量为氮13%、磷3%、钾2%。追肥要用“沟施”的方法，即挖沟施肥，施放肥料后盖土并踩实。除了抚育和追肥，还要落实好森林防火和病虫害防治的措施，维持林分的健康状况和稳定性，减少碳排放。如果碳汇造林活动中或成林后发生了病虫害，要尽量采用以生物防治为主的综合防治措施[21]。

## 二、竹子造林增碳效果

通过以上介绍，相信大家已经基本掌握了竹子碳汇造林的技术要点，接下来我们来看看竹子造林的增碳效果。

以全球首个毛竹碳汇造林项目为例，该项目是中国绿色碳汇基金会（CGCF）支持的首个以积累碳汇、应对气候变化为目的的竹子碳汇造林项目。项目于2008年启动，在浙江省杭州市临安区藻溪镇营造50公顷毛竹碳汇林。采用上述的碳汇造林技术，造林10年后，竹林立竹度从625株/公顷扩展到4000株/公顷，竹林平均胸径达到8.10厘米，根据样地连续监测结果，项目已累计产生 3732 吨二氧化碳当量的减排量，其间，年均减排量为 373 吨二氧化碳当量（图 6–2）。而且目前竹林已达到稳定成林状态，今后每年产生的减排量会基本稳定在 622 吨二氧化碳当量左右。

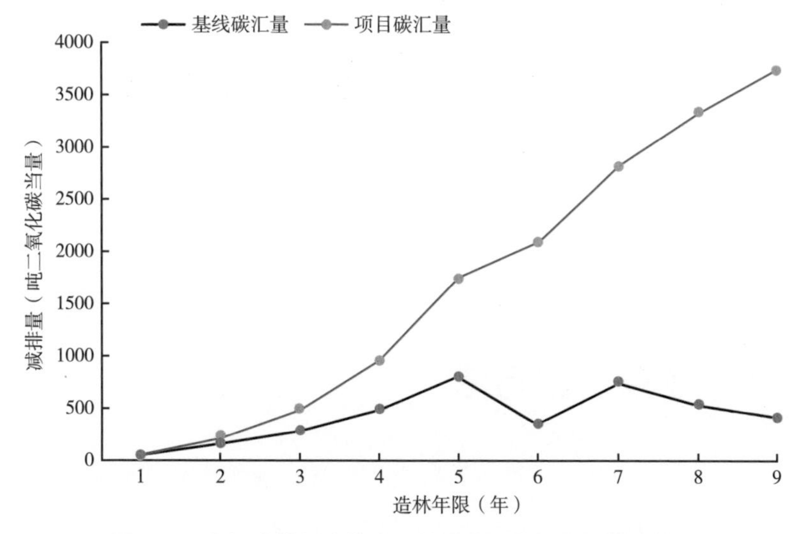


图 6-2　浙江省杭州市临安区竹子碳汇造林项目增碳效果

# 第二节
# 经营提质：养竹增碳

## 一、竹林经营增碳方法

种得好，更要养得好。竹林只有通过科学合理的经营才能最有效地发挥碳吸收的效益。竹林经营增碳方法主要包括土壤养分调控、留笋采伐控制和林分结构优化这三大方法。

（1）**土壤养分调控**。我们采用一种叫作“竹林水肥复合调控增汇”的技术，在一片竹林内施用竹林专用肥，也就是每公顷施肥 265 千克，氮、磷、钾三种肥的比例为 47∶15∶38，采用带状沟施、施后覆土方式，以提高肥效减少养分流失，在笋期（4—6 月）提供充足水分，促进竹林发笋和新竹发育。

（2）**留笋采伐控制**。控制挖笋、合理留笋是改善竹林结构的重要措施。在经营过程中，要控制挖笋的对象，挖除浅层笋和衰退笋，口诀是“伐密留疏，伐弱留强”，选择粗壮的笋，留着养成新竹。除了采笋有门道，伐竹也是一样。为了维持竹林健康和持续生长，竹林需要进行频繁的择伐作业，而确定合理的择伐对象和择伐强度是改善竹林结构和保证竹材质量极为重要的措施。对于采伐对象，遵照的口诀是“伐 4 留 3 不留 5”，照着这个原则进行择伐，不要伐3度（指竹子年龄在4～5年）竹，只伐4度（指竹子年龄在6年以上）及4度以上竹子。采伐时间要选择在秋冬季竹子生理活动减弱、光合固碳能力降低的时候进行。

（3）**林分结构优化**。经过择伐更新，要调整到怎样的状态才算是一片合理的竹林呢？优化后的竹林年龄结构应该为1度: 2度: 3度 =1∶1∶1，也就是老中青梯队培养，各占1/3。立竹密度要保持在每公顷4100株以上，林分平均胸径达到10～12厘米。做到这样，就算是养成了一片好竹林了。

通过以上三个方法，竹林质量将得到显著改善。没有经营、自由生长的竹林与经营后的碳汇竹林，可以说高下立判，大大增加的可不只是碳汇量，而且还有“颜值”（图6–3）。

经营前竹林

碳汇经营6年后竹林

图6–3　竹林碳汇经营前后对比

## 二、竹林经营增碳效果

通过竹林碳汇经营前后对比，相信大家可以很直观地感受到竹林质量发生了显著变化，那么我们来看看竹林经营的增碳效果。

这次我们以浙江省安吉县竹林经营碳汇项目为例，该项目共计面积1426.30公顷，采用竹林碳汇经营技术，在30年的计入期内，预计可以产生249658吨二氧化碳当量的减排量，每年的减排量就有8322吨二氧化碳当量（图6-4），在碳汇方面可谓成效显著。然而因碳汇而成为“高颜值”的竹林还有很多意想不到的效益。比如李安导演，周润发、杨紫琼和章子怡主演的奥斯卡获奖武侠大片《卧虎藏龙》中的许多竹林景观，就取景自浙江安吉大竹海之中。

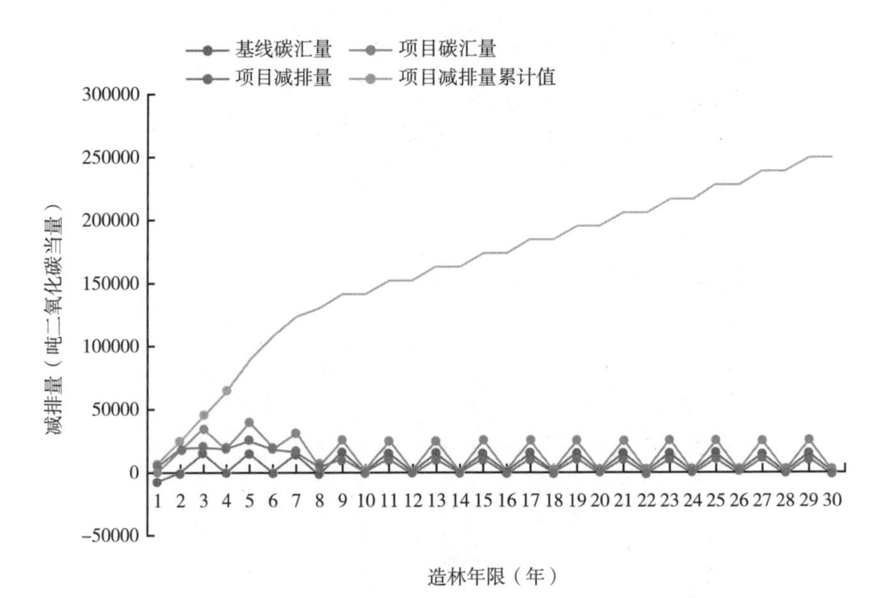


图6-4　浙江省安吉县竹林经营碳汇项目增碳效果

# 第三节
# 控排固本：土壤稳碳

要开源，也要节流。除了上述两节介绍的竹子造林增碳和竹林经营增碳技术，竹林控排稳碳技术也是竹林增碳的一种重要手段，而且是需要特别引起注意的手段，因为其作用于土壤，不易察觉，也容易被忽略。一旦掌握了它，又可以起到“四两拨千斤”的效果。如何才能有效地控制住竹林的碳排放呢？主要包括以下 4 项技术。

（1）**平衡竹林土壤活性有机碳。**合理配比化肥：每公顷氮 230 ~ 240 千克，磷 70 ~ 80 千克，钾 70 ~ 80 千克，再加入适量的农家肥。这样就可以平衡土壤中的水溶性碳、微生物碳、矿化态碳，起到增碳稳碳的效果。

（2）**施用笋壳有机无机复合肥。**吃完鲜笋，剩下来的笋壳其实是回到竹林土壤中的优质肥料。制作这种有机肥的配方：鲜笋壳、鸡粪、无机肥、中微量元素添加剂按 2∶3∶4∶1 的比例混合，经粉碎、发酵、造粒等处理环节就可完成。用这种有机无机混合肥，可以增加竹林生物量和有机碳储量 10% ~ 12.5%，同时减少和延缓了竹林废弃物的碳排放。

（3）**添加生物质炭钾肥和土壤修复剂。**将笋壳、竹加工的废弃物、边角料当成肥料，或是炭化制成竹基生物质炭钾肥后返施还竹林，也是一种一举两得的方法，既可以循环利用，减少和延缓竹林废弃物的碳排放，促进竹林生长，又能抑制土壤温室气体排放。施用量为每公顷 300 千克，再加入 5 ~ 10 千克土壤修复剂，可以使竹林土壤年温室气体排放量减少 20.5%，竹林植被固碳能力提高 27.6%。

**（4）覆盖富硅生物质于竹林之中**。竹林富硅生物质覆盖增汇稳碳技术指利用富含硅元素的竹林覆盖物添加来增加竹林中植硅体碳含量。这一招可以显著增加雷竹林土壤中的植硅体来封存有机碳，年积累速率为 75 ~ 85 千克碳 / 公顷，比没有添加富硅生物质覆盖物的雷竹林林地提高 2.20 ~ 3.50 倍（图 6-5）。

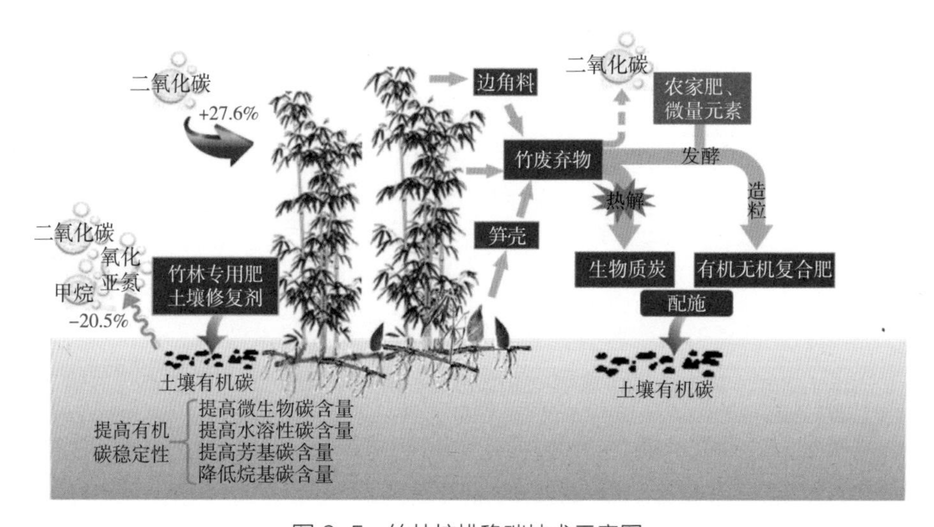


图 6-5　竹林控排稳碳技术示意图

如果仅仅把这一章看作科学地种好一片竹林的方法，那么我们的认识依然停留在农耕文明的时代。我们介绍的增碳之法，其实是“竹林碳汇”系统中非常重要的方法论。通过人为的活动是可以有效提高竹林质量、增加竹林固碳的。如果我们能够有力地推广这样的行为与方法，我们就可以选择让碳以一种更有利于我们生存的方式存在。

那么除了改善生态环境，竹林所吸收的二氧化碳能给人们带来收益吗？其实，竹林碳汇的力量可远远不止是种好管好一片竹子增加竹笋竹材收益这么简单，除了竹林由于增碳而增加竹材产量这只“有形的手”，全球将因为碳汇的买卖而形成一个巨大的交易体系，这是一只“无形的手”。简单地说，碳汇交易就是“卖空气”，买“空”卖“空”，这种天方夜谭似的故事正在成为美丽的现实，来到我们身边。碳能否成为一种未来流通的货币——“碳币”？这样，竹林碳汇岂不就是一座座储藏碳的“银行”？看来，下一章我们有一大笔账要好好算一算了。

# 第七章
# 竹君卖碳

水的用途最大，但我们不能以水购买任何物品，也不会拿任何物品与水交换。反之，钻石虽几乎无使用价值可言，但须有大量其他货物才能与之交换。

——亚当 · 斯密《国富论》

# 第一节 碳的需求与市场

“卖炭翁，伐薪烧炭南山中。满面尘灰烟火色，两鬓苍苍十指黑。卖炭得钱何所营？身上衣裳口中食……”说起卖碳，立即想到白居易笔下人人皆知的卖炭翁形象。然而此碳非彼炭，时代也不同。如果说本章也有一位当代的“卖碳翁”，那么他大可以是一位玉树临风、相貌不凡，具有远见卓识，并且是以现代科学技术充分武装了头脑的帅小伙子，我们且称呼他为“竹君”。竹君依托专业的竹林碳汇经营与交易致富，同时也实现他的环保理想，践行着“绿水青山就是金山银山”的理念。竹君卖碳不是搞零售，也不是卖竹子，我们可以简单理解为“卖空气”。空气或者说空气中的二氧化碳，多少钱一斤呢？怎么才能实现交易和买卖呢？竹林里的空气原来可以买卖，就好比电可以买卖一样。电长什么样子？看得见摸得着吗？多少钱一斤呢？如果说电还是一种物质的话，我们所使用的手机信号流量是什么呢？这些在我们日常生活中早已是不可或缺的交易商品了。当然碳汇量的交易或者说“卖空气”理念的日常化普及还需要一段时间的培养，但竹君很清楚，这一定是在现代社会发生的下一场“生活革命”。要做好这一切，竹君的视野就要从全球的“碳需求”开始——

# 一、碳排放的“欲望”

全球变暖带来的危机，在2020年初已经为全人类上了生动且恐怖的一课！为此，2020年亚马逊首席执行官杰夫·贝索斯宣布，他将通过一项名为贝索斯地球基金（Bezos Earth Fund）的新基金投入100亿美元来应对气候变化；此前，包括马云、比尔·盖茨、马克·扎克伯格在内的全球顶尖科技公司创始人也曾发起清洁能源研究计划，拟从技术上阻止气候变暖。

再来回顾一下温室气体的主要杀手——二氧化碳的排放情况。在温室气体排放中，工业毫无疑问是大头；其次是交通，包括汽车、轮船、飞机等所有交通工具；此外还有生活领域，包括供暖、燃煤的排放。另外，还有一个有意思的碳排放，一般我们怎么也想不到，那就是“牛的屁”。对，你没有听错。牛的胃，其实就像一个发酵池，它吃进的杂草在胃里发酵会产生甲烷、氨等气体。联合国粮农组织曾经发表过一份报告，全球10.50亿头牛排放的甲烷等温室气体占全球温室气体总排放量的18%，甚至超越了人类交通工具等的排放量。这可不是“吹牛皮”，而是一个非常庞大的数据。当然这么多的牛，放了这么多的屁，归根结底还是在为我们人类提供牛肉与牛奶。

全球变暖在加速进行，我们现在还没能力让它不变暖，只有通过减少温室气体的排放，先让变暖的速度慢下来。为了减少碳排放，我们也在采取一些措施。比如工业领域，国家对工业企业有排放达标的行政要求；在生活领域，很多地方政府鼓励实施煤改气、气改电，并对这些进行一定的补贴；在交通领域，通过三元催化器处理汽车尾气。而且，我们现在已经逐步形成了节能减排的环保意识，浪费水电、多开汽车时内心多少都会有些负罪感。但是我们吃牛肉、喝牛奶的时候会意识到“牛的屁”而有负罪感吗？由此可见，目前我们的大多减排措施带有很强的行政性，它不完全是出于人们的自觉自愿，甚至影响到了人们的生活质量。热力学有一个非常重要的观点，就是在特定时间段里面，人的幸福感和生活质量，其实就是在一段时间里支配的能量。但凡我们肉眼所见的商品和服务，都和碳相关，碳排放，就相当于消耗能量。谁会愿意主动为了那看不见、摸不着、表面上又跟自己没有直接关系的事，降低生活质量呢？谁先减排，就意味着谁主动降低自己的生活质量和发展权。人类要生存，牛也要放屁。看来，减排还是要依靠科学技术，而不仅仅是人类的道德。

## 二、国际碳市场

全球对碳排放的态度成为一场利益与道德的博弈，要环保，还是要发展？所以早期只有政府、环境学圈里的科学家以及能源巨头企业关心全球变暖。国家与国家之间开始签订相关的协议，首先是《联合国气候变化框架公约》。1990 年，IPCC 发布了第一份全球气候变化评估报告，首次确定了全球气候变化的科学依据。同年，第二次全球气候大会呼吁建立一个气候变化框架条约。1992 年 5 月 9 日，IPCC 正式通过《联合国气候变化框架公约》，**《联合国气候变化框架公约》是世界上第一部为全面控制温室气体排放、应对气候变化而签订的具有法律约束力的国际公约。**

在《联合国气候变化框架公约》下有两份具有法律约束力的气候协议——1997 年通过的《京都议定书》和 2015 年达成的《巴黎协定》。签订这样的协议是多国博弈达到平衡的结果，是很困难的。事实上，最早我国签《巴黎协定》时也做出了很大的牺牲。一些产业界的人认为，一旦加入协定，事实上就承诺损害自身的发展权，因为现在人们的生产和生活还离不开化石能源，现在的技术手段决定了只要使用化石能源就会有碳排放。果然，2001 年 3 月，美国政府以“减少温室气体排放将会影响美国经济发展”和“发展中国家也应该承担减排和限排温室气体的义务”为借口，宣布拒绝签订《京都议定书》。此后2017年6月，美国政府宣布将退出《巴黎协定》，并称退出有利于美国经济。

然而历史总是在曲折中前行，人类总会战胜愚昧，运用智慧寻找到全新的途径。我们再来仔细看看1997年12月在日本京都通过的《京都议定书》，经过许多国家的共同努力终于在2005年2月正式生效，协议中创设了一个重要思路，即引入市场机制来解决以二氧化碳为代表的温室气体减排问题。在国际碳排放交易体系上，建立起了三个以市场为基础的温室气体减排机制：联合履约（Joint Implementation，JI）、排放贸易（Emissions Trading，ET）和清洁发展机制（Clean Development Mechanism，CDM）。其中的清洁发展机制（CDM）是通过在没有《京都议定书》减排目标的发展中国家实施碳抵消项目来进行减排，以帮助发达国家实现其承诺的《京都议定书》目标，并使其减排成本低于本国的减排成本。从此开启了国际碳交易和林业碳汇交易的进程。

**碳交易**是基于《京都议定书》对各国分配二氧化碳排放指标的规定创设出来的一种机制。这是为了促进全世界共同参与温室气体减排，减少全球二氧化碳排放所采用的市场机制。内容方式：碳排量额度直接交易、清洁能源碳汇交易、林业碳汇交易等。

效果逐渐产生了！在过去的10年，“碳市场”形成了。也就是说，二氧化碳成了人类有史以来看不见的却又是最庞大的“商品”与“货币”，并且已经在全球区域分不同等级建立起了碳市场，还建立起了独特的交易体系。目前，世界上有39个国家运营着17个碳市场体系。

根据《京都议定书》清洁发展机制（CDM）安排，有减排指标要求的发达国家也可以选择在发展中国家投资造林和经营森林，以增加林业碳汇，从而抵消碳排放额度，达到降低发达国家自身总的碳排量的目标，这就是**林业碳汇交易**。林业碳汇交易是环境效益最高的碳交易方式，截至2018年，全球13个国家及地区碳交易体系中纳入了林业碳汇抵消机制，国际林业碳汇交易融资累计超过60亿美元，正在实施或正在开发的林业碳汇项目超过1500个（图7-1）。

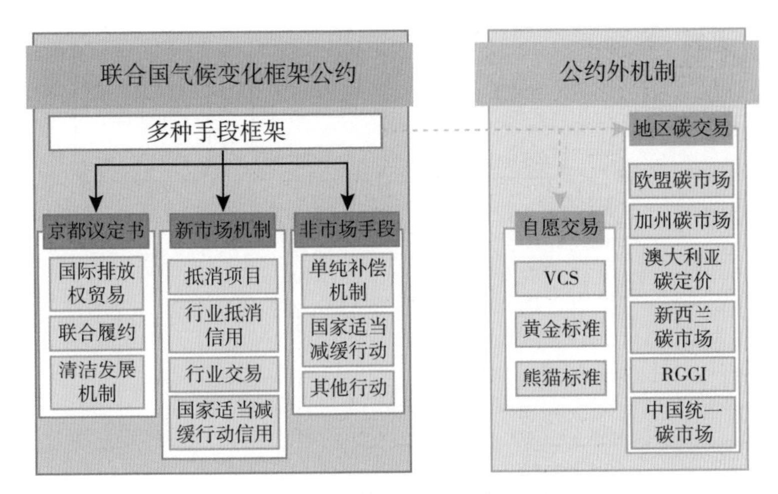


图 7-1 全球碳市场框架结构图

总之，各种碳市场、碳交易方兴未艾，在不久的将来，人们拿着手机关注的也许不只是股票、期货或者比特币，而是改善我们自身生存环境且带来实际利益的碳交易。

## 三、中国碳市场

竹君了解了国际碳交易与碳市场的来龙去脉，更要了解我们中国自身的碳交易情况，毕竟竹君卖碳的主要阵地还是中国碳市场。当前我们国内的碳交易市场主要包括两个阶段（图 7–2）。

**（1）第一阶段是试点地区的碳排放配额交易。**2011 年 10 月，国家发改委印发了《关于开展碳排放权试点工作的通知》，批准北京、上海、天津、重庆、湖北、广东和深圳七省（市）开展碳交易试点工作。碳交易的配额由试点地区政府发放，配额流通范围仅限于本试点地区内。与此同时，我国还继续推进碳汇项目。从 2013 年 6 月起，碳市场试点交易量就达到了 2.70 亿吨二氧化碳当量，金额超过了 60 亿元人民币。二氧化碳转换成了真金白银，这就是竹君从

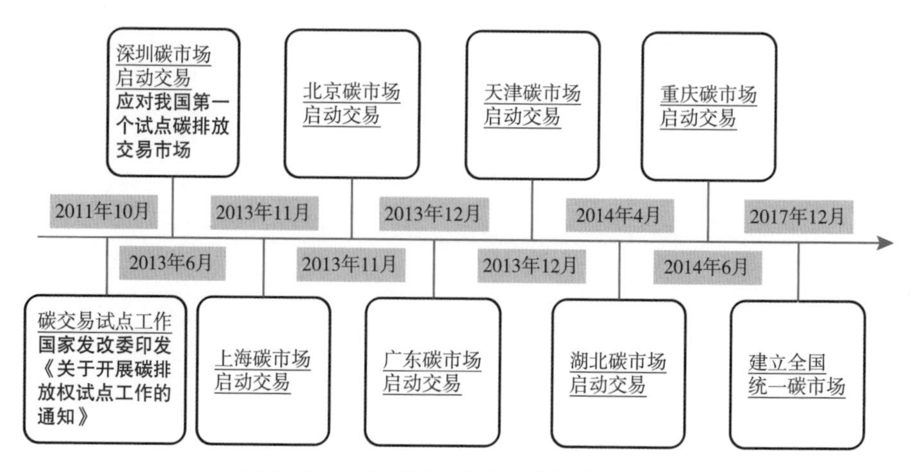


图 7-2 国内碳排放权交易市场试点进程

事的朝阳产业“卖碳”的曙光。

（2）**第二阶段是建立国家统一碳市场。**国内 7 个试点碳市场在建设过程中积累了不少成功经验，但也存在配额超发、碳价波动过大、交易规则不一、市场监管不力等问题，导致交易企业少、交易零散、交易成本高等弊端。因此，2015 年中国向世界承诺，将于 2017 年启动建立全国统一的碳市场，以搭建统一有效的碳交易平台，统一碳排放标准，统一碳排放配额核定与分发，建立中国核证减排量（Chinese Certified Emission Reduction，CCER）标准。中国统一碳市场的建立，其市场容量将覆盖 40 亿吨二氧化碳当量，超过欧洲碳市场的 2 倍。预测仅全国碳排放全配额交易市场值可达到 1500 亿元人民币，如果考虑到期货等衍生品，交易额规模将达到 6000 亿元人民币。显然竹君的眼光是长远的，这个卖碳的产业规模不可估量。

碳市场有两类基础交易产品，一类为政策制定者初始分配给企业的减排量（即配额），另一类是通过实施项目消减了温室气体排放而获得的减排凭证（即 CCER）。在履约过程中，企业如果超出了国家给定的碳配额，就需要购买其他企业出售的多余配额，也可以通过购买在市场中出售的 CCER 来抵消部分碳排放量。一般碳市场交易机制规定，用于抵消碳排放量的 CCER，其比例为配额总量的 5% ~ 10%（图 7–3）。

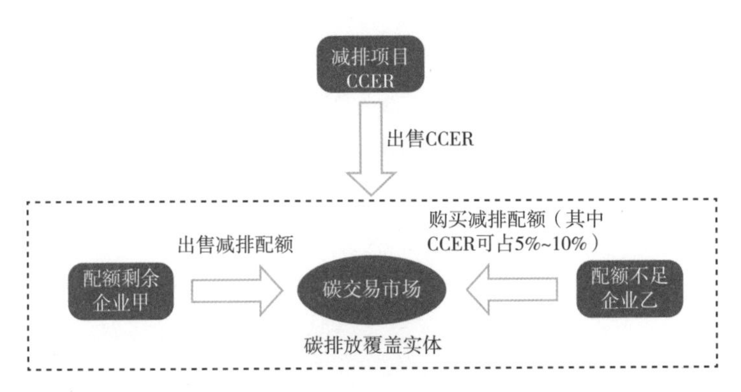


图 7-3 碳交易市场结构图

2018 年 12 月 28 日九部委联合印发《建立市场化、多元化生态保护补偿机制行动计划》，建立健全以国家温室气体自愿减排交易机制为基础的碳排放权抵消机制，将具有生态、社会等多种效益的林业温室气体自愿减排项目优先纳入全国碳排放权交易市场，充分发挥碳市场在生态建设、修复和保护中的补偿作用。引导碳交易履约企业和对口帮扶单位优先购买贫困地区林业碳汇项目产生的减排量。鼓励通过碳中和、碳普惠等形式支持林业碳汇发展。2019 年 4 月 4 日，刚接过应对气候变化职能接力棒的生态环境部快速起草和发布了《碳排放权交易管理暂行条例》，开启了全国碳排放交易的新征程。也就是说，对于像竹君这样的专业人士，国家有了相应的政策保障。

## 四、竹君的事业：竹林碳汇

竹君从大学毕业以后就拥有了一个明确的创业方向，这个方向建立在从事“低碳经济”事业的理想之上，投身于中国正在探索实践中的低碳发展之路。“低碳经济（Low-Carbon Economy）”这个概念是2003年在英国政府发表的《能源白皮书》中首次提出的。当时就引起了国际社会的广泛关注。它有三重含义：

（1）低碳经济指以低能耗、低污染、低排放为基础的经济模式。

（2）低碳经济实质是能源利用效率和清洁能源的结构问题。

（3）核心是能源技术创新、制度创新和人类生存发展观念的根本性转变。

系统学习过林业与生物技术知识的竹君明白，从事低碳经济不仅有非凡的经济前景，还是利国利民、造福子孙，并让内心充满“清洁的精神”与幸福感的终身事业。当然，光有理想不行，实现低碳经济前提是理念创新，核心是制度创新，主导是技术创新，基础是产业创新，保障是管理创新。这里边有些是国家政府才能做的，有些是需要大家合力去做的，还有一些从自身的事业就可以开始。竹君的座右铭就是“肯干、实干、能干”，不仅有态度能吃苦，还要有技术有能力。因此，竹君进一步深入研究，发展低碳经济目前有六大领域潜力巨大。

（1）提高能源效率和节能。

（2）优化能源结构。

（3）调整产业结构。

（4）通过林业、农业增加碳汇。

（5）通过科技创新进一步开发碳捕获和碳封存的技术。

（6）倡导、宣传、普及低碳的生活和消费方式。

这六个领域都能为低碳经济干出一片天地，这更让竹君对自己最熟悉的林业碳汇领域充满信心。森林生态系统服务价值是一座巨大的“金山银山”，竹君从2015年中国林业发展报告上获得一组可观的数据：我国森林生态系统提供的主要生态服务价值达12.68万亿元/年，相当于森林为每位国民提供生态服务价值0.94万元/年。全国林地林木资产总价值为21.29万亿元，相当于人均拥有森林财富 1.57 万元。

竹君从事的产业，不是传统意义上的植树造林、种竹子，专业概念为“林业碳汇”，指通过实施造林再造林、森林管理、减少毁林等活动吸收大气中二氧化碳的过程、活动或机制。林业因其碳汇功能，在土地利用变化与林业（LULUCF）部分中被确定为一个抵消温室气体排放的重要途径，在气候政策和碳市场中扮演着十分重要的角色。中国是最早开展林业碳汇交易的国家之一，开发了较多的造林和再造林项目，其中有 5 个碳汇项目已经在清洁发展机制（CDM）下获得了批准注册。2006 年 11 月，中国广西珠江流域再造林项目成为全球第一个获得注册的林业碳汇 CDM 项目。还有 13 个 CCER 林业碳汇项目在中国自愿减排交易机制下获得了批准注册，其中 2014 年通过国家发改委审核后获得备案的广东长隆碳汇造林项目是第一个获得注册和签发减排量的 CCER 林业碳汇项目，成交价格是每吨二氧化碳 20 元。

2007 年 7 月，中国绿色碳汇基金会成立，目前，已先后在全国 10 多个省（区）主持实施碳汇造林超过 6167 万公顷。这些碳汇项目只要符合 CCER 的要求，所产生的碳汇量经计量监测核准后可在碳市场上市交易。

竹君把这些政策都学习透了，从小生活在江南竹子产区的竹君，把目光投向了林业碳汇中最高效的竹林碳汇。竹子作为一个生长迅速且固碳能力极强的品种，其经营利用有悠久的历史，竹子造林和经营碳汇项目成了效果最好的林业碳汇项目之一（图 7–4）。自 2012 年以来，竹君最常跑的地方就是浙江农林大学，那里的专家教授团队先后开发出 2 套符合中国核准减排（CCER）标准的竹林碳汇项目的方法学，突破了竹林碳汇进入国内碳减排市场的技术瓶颈。更重要的是，由其团队开发的竹林增汇技术和竹林碳汇项目方法学的研发与推广应用，可以使竹君这样的竹林经营者把提质增汇与增收相结合，实现竹林生态价值货币化，推动形成竹林碳汇产业。

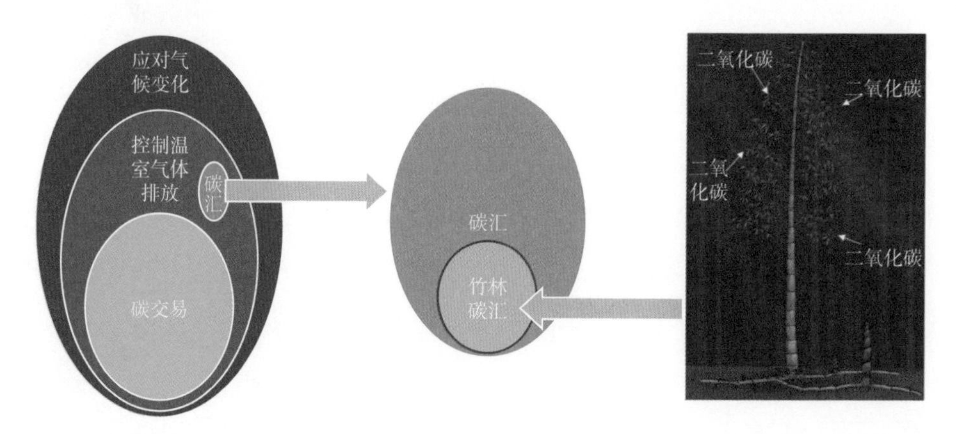


图 7-4　竹林碳汇与应对气候变化

# 第二节
# 竹君的项目

竹君通过学习探索，并与专家教授积极开展合作，决定在老家浙江省安吉县的天荒坪镇余村开始他的竹林碳汇事业，那里正是“两山”理念的发源地。竹君准备先投入一片约20公顷的竹林开展碳汇经营，小试身手。生意开始了，要完成哪些具体的准备工作呢？

## 一、卖的是“额外吸收的碳”

竹君先要搞清楚自己这片竹林中哪一部分的碳汇可以进行交易。不论是国际碳交易市场还是国内碳交易市场，对能够参与交易的碳都进行了严格的规定。首要前提条件是吸收的碳必须具有额外性，这里的额外性指项目活动引起的竹林吸收二氧化碳的增加量。竹林本身存在的（在没有项目活动参与时）吸收二氧化碳的量，不能计入。这就是所谓的“基线”或者“基线情景”。

专家给了竹君一个碳汇项目的碳减排量公式：

**项目碳减排量 = 项目碳汇量 – 基线碳汇量 – 泄漏量**

项目碳减排量指项目活动引起净温室气体减排量，其大小等于项目碳汇量，减去基线碳汇量，再减去泄漏量。其中，项目碳汇量指在项目情景下，项目边界内所选碳库中碳储量变化量，减去由拟议的项目活动引起的项目边界内温室气体排放的增加量。基线碳汇量指在基线情景下，项目边界内碳库中碳储量变化之和（图 7–5）。

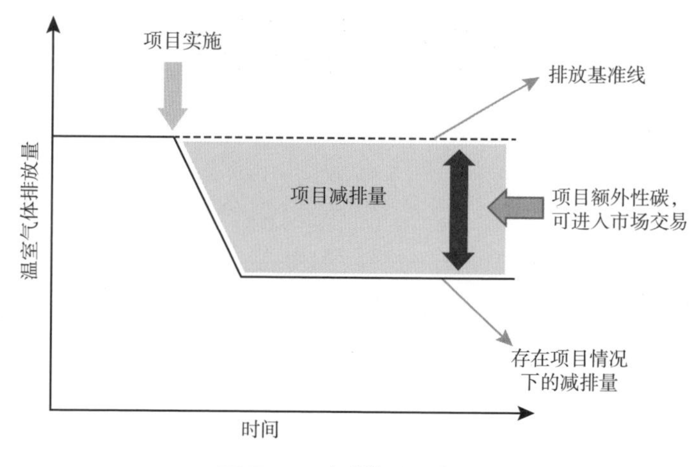


图 7-5　碳减排量示意图

## 二、项目基本要求

那么竹君的这一片竹林是否符合条件呢，如何才能生产出符合条件要求并且可以进入市场的碳呢？这些基本要求可不能含糊，竹君要参照国家批准颁发的《竹林经营碳汇项目方法学》的适用要求（图 7–6）。

（1）实施项目活动的土地为符合国家规定的竹林，即郁闭度≥ 0.20、连续分布面积≥ 1 亩、成竹竹秆高度不低于 2 米、竹秆胸径不小于 2 厘米的竹林。当竹林中出现散生乔木时，乔木郁闭度不得达到国家乔木林地标准，即乔木郁闭度必须小于 0.20。

（2）项目区土地权属清晰，没有争议。项目区不属于湿地和农田。

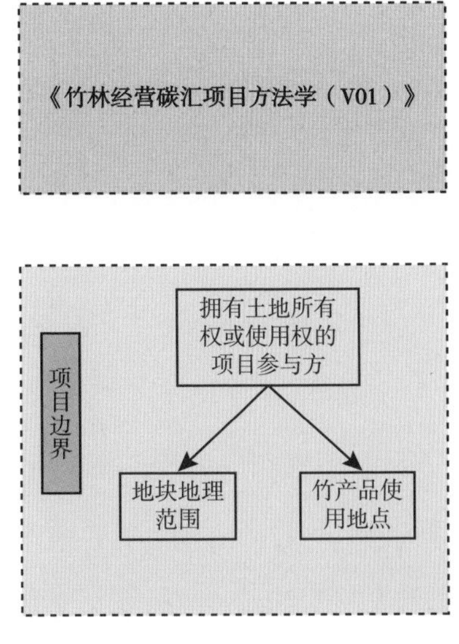


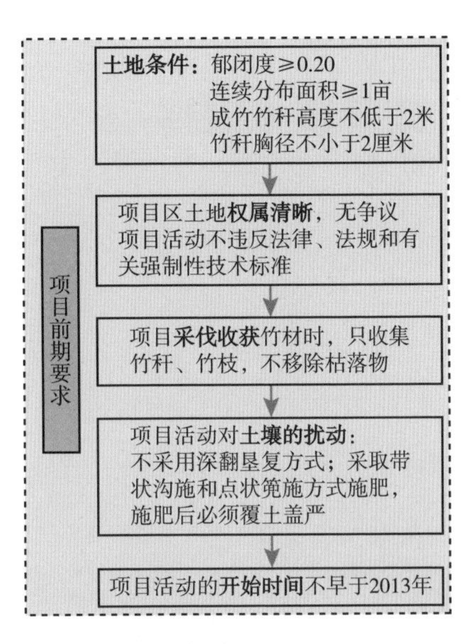


图 7-6　竹林经营碳汇方法学适用条件

（3）项目活动不能违反国家和地方政府有关森林经营的法律、法规和有关强制性技术标准。

（4）项目采伐收获竹材时，只收集竹秆、竹枝，而不移除枯落物；项目活动不清除竹林内原有的散生林木。

（5）项目活动对土壤的扰动符合下列所有条件：①符合竹林科学经营和水土保持要求，松土锄草时，沿等高线方向带状进行，对项目林地的土壤管理不采用深翻垦复方式。②采取带状沟施和点状篼施方式施肥，施肥后必须覆土盖严。

（6）采用竹林科学经营技术措施。

（7）项目活动的开始时间不早于 2013 年。

竹君一一对照了以上的 7 条要求，他的竹林全部符合，可以正式启动项目程序了。

## 三、项目基本流程

竹君要启动他的碳汇项目，需要完成一个基本流程（图 7-7），总共 8 个步骤：

**第一步，项目设计。**由技术支持机构（咨询机构），按照国家有关规定，开展基准线识别、造林作业设计调查和编制造林作业设计（造林类项目），或森林经营方案（森林经营类项目），并报地方林业主管部门审批，获取批复。

**第二步，项目审定。**由项目业主或咨询机构，委托生态环境部批准备案的审定机构，依据《温室气体自愿减排交易管理暂行办法》《温室气体自愿减排项目审定与核证指南》和选用的林业碳汇项目方法学，按照规定的程序和要求开展独立审定。

**第三步，项目注册。**项目经审定后，向生态环境部申请项目备案。项目业主企业（央企除外）需经过省级生态环境厅初审后转报生态环境部，同时需要省级林业主管部门出具项目真实性的证明，主要证明土地合格性及项目活动的真实性。

**第四步，项目实施。**根据项目设计文件（PDD）、林业碳汇项目方法学和造林或森林经营项目作业设计等要求，开展营造林项目活动。

**第五步，项目监测。**按备案的项目设计文件、监测计划、监测手册实施项目监测活动，测量造林项目实际碳汇量，并编写项目监测报告（MR），准备核证所需的支持性文件，用于申请减排量核证和备案。

**第六步，项目核证。**由业主或咨询机构，委托生态环境部备案的核证机构进行独立核证。

**第七步，减排量签发。**由项目业主直接向生态环境部提交减排量备案申请材料。

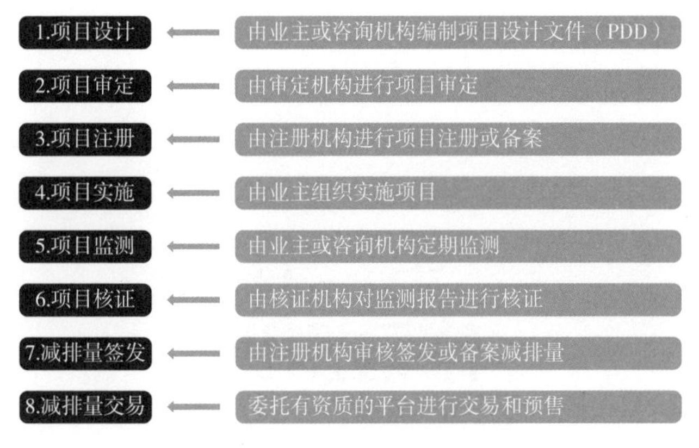


图 7-7　碳汇项目基本流程图

完成了前面七个步骤，竹君的项目就可以进入交易阶段，也就是**第八步，减排量交易**。竹君只需要委托有资质的平台进行交易和预售即可。

# 第三节
# 竹君测碳

竹君项目的第五步是项目监测，这个步骤非常重要，清晰准确地测算出项目的碳汇量，就等于测算出竹君的经营价值。在此我们就来重点分析一下这一步骤。

## 一、项目碳库组成

监测的确是个专业细致的工作，首先要把竹君的这片碳汇竹林进行碳库划分，然后才能分别监测计算。竹君的竹林碳库是由 6 个部分组成的：

（1）**地上生物量**。竹类地上部分的生物量，包括竹秆、竹枝、竹叶生物量。

（2）**地下生物量**。竹类地下部分的生物量，包括竹篼、竹鞭、竹根生物量。

（3）**枯落物**。土壤层以上、直径小于 5 厘米、处于不同分解状态的所有死生物量，包括凋落物、腐殖质，以及不能从经验上区分出来的活细根（直径≤ 2 毫米）。

（4）**枯死木**。枯落物以外的所有死生物量，包括各种原因引起的枯立竹、枯倒竹以及死亡腐烂的竹篼、竹根、竹鞭。

**（5）土壤有机质。**指一定深度内（0 ~ 60 厘米）矿质土中的有机质，包括不能凭经验从地下生物量中区分出来的活细根。

**（6）竹材产品。**用项目边界内收获的竹材（主要指竹秆部分）生产的，在项目计入期末后仍在使用或作为垃圾填埋的竹产品中的碳储量。

当然，在监测计算时，根据不同碳库的重要性程度，可以进行取舍，一般只需考虑地上生物量、地下生物量、竹材产品三个碳库。

## 二、主要碳库计算方法

经过竹林碳库划分，竹君开始重点关注竹林地上生物量、地下生物量、竹材产品三个碳库，他从浙江农林大学的专家那里学来了一套计算方法。

**（1）地上生物质碳储量计算方法。**首先在项目开始时测量现有单位面积竹子地上生物碳储量 $C_{初}$，待经过 $t$ 年项目情景下目标竹林结构进入稳定阶段时，测量其单位面积下竹子地上生物质碳储量 $C_{稳}$，当项目时间 $t$ 未超过规定的项目进入稳定期需要时间时，用如下公式计算：

$$(C_{稳}-C_{初})/t$$

可以获得单位面积竹林地上生物质碳储量的年变化量，再乘上项目边界面积，即可以求竹林地上生物质碳储量年变化总量。而对于稳定期之后，认为生物质碳储量不再发生变化，即年变化量为 0。

**（2）地下生物质碳储量计算方法。**当项目时间 $t$ 在 2 倍的择伐周期 $T$ 内，则可以根据地上碳储量生物质碳储量计算地下生物质碳储量，将 $t$ 年的单位地上生物量减去 $t$–1 年的单位地上生物质碳储量，再乘上地下生物质碳储量与地下生物质碳储量的比例即可以看到现有竹子的单位地下生物质碳储量 $C_{现}$，对于一些采伐的竹子也需要计算在内，根据 $t$ 年单位地上生物质碳储量乘上择伐强度再乘地下生物质碳储量与地下生物质碳储量的比例即可以得到单位择伐地下碳储量 $C_{择}$，$C_{现}$与 $C_{择}$之和乘上项目边界面积即可以得到地下生物质碳储量年变化量。当 $t$ 大于 $2T$ 时，项目进入稳定期，变化量记为 0。

（3）**竹材产品碳储量计算方法**。需要知道或记录下第 $t$ 年时，在项目竹林中采伐的**竹材干重生物量**，以及采伐竹材主要用于生产哪类竹产品和该类竹产品的**碳转移率**，再考虑竹产品中的碳随时间而不断分解或腐烂的**衰减系数**。三者相乘，就可以得到第 $t$ 年时的竹材产品碳储量。

## 三、碳减排量构成

竹君最在乎的数据当然是他这片的竹林的碳减排量了，因为这才是能真正上市交易的“标的物”（图 7–8）。竹林经营碳汇项目活动产生的项目减排量等于项目碳汇量减去基线碳汇量，再减去泄漏量，公式比较复杂，但竹君还是抄录下来了[22]：

$$\Delta C_{NET,t}=\Delta C_{ACTUAL,t}-\Delta C_{BSL,t}-LK_t$$

式中：

$\Delta C_{NET,t}$——第 $t$ 年项目减排量；吨二氧化碳当量 / 年

$\Delta C_{ACTUAL,t}$——第 $t$ 年项目碳汇量；吨二氧化碳当量 / 年

$\Delta C_{BSL,t}$——第 $t$ 年基线碳汇量；吨二氧化碳当量 / 年

$LK_t$——第 $t$ 年竹林经营项目活动引起的泄漏量；吨二氧化碳当量 / 年

$t$——项目活动开始以后的年数；年

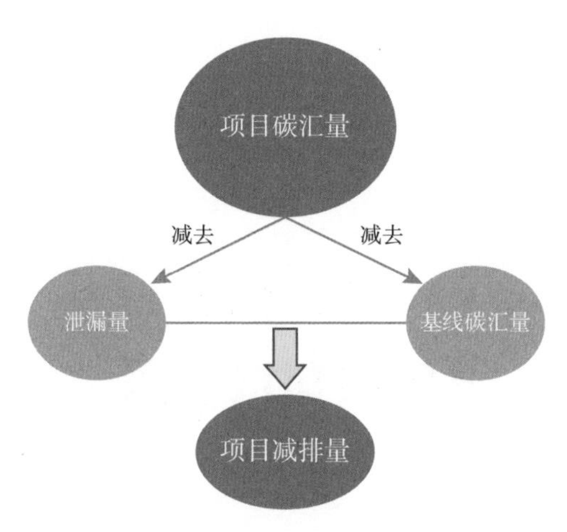


图 7-8 项目碳减排量构成图

# 第四节
# 竹君的交易

竹君拿着经过测量计算的碳减排量，这些碳汇量应该如何进行交易呢？

## 一、碳汇交易方式

碳汇交易的方式主要有两种：

**方式一：**项目林业碳汇 CCER 获得生态环境部备案签发后，在统一碳市场交易，用于重点排放单位（控排单位）履约或者有关组织机构开展碳中和、碳补偿等自愿减排、履行社会责任，这是主要的交易方式。

**方式二：**项目备案注册后，项目业主与买家签署订购协议，支付定金或预付款，每次获得国家主管部门签发减排量后即把林业碳汇（CCER）交付买家。

## 二、碳汇交易流程

竹君可以将自己的减排项目上交审核部门进行审核，审核通过后，相关部门则可以提交到国内碳交易市场进行售卖，控排企业可以通过碳交易市场购买进行碳抵排，交易完成后，竹君就可以得到相应的收入（图 7–9）。是不是很

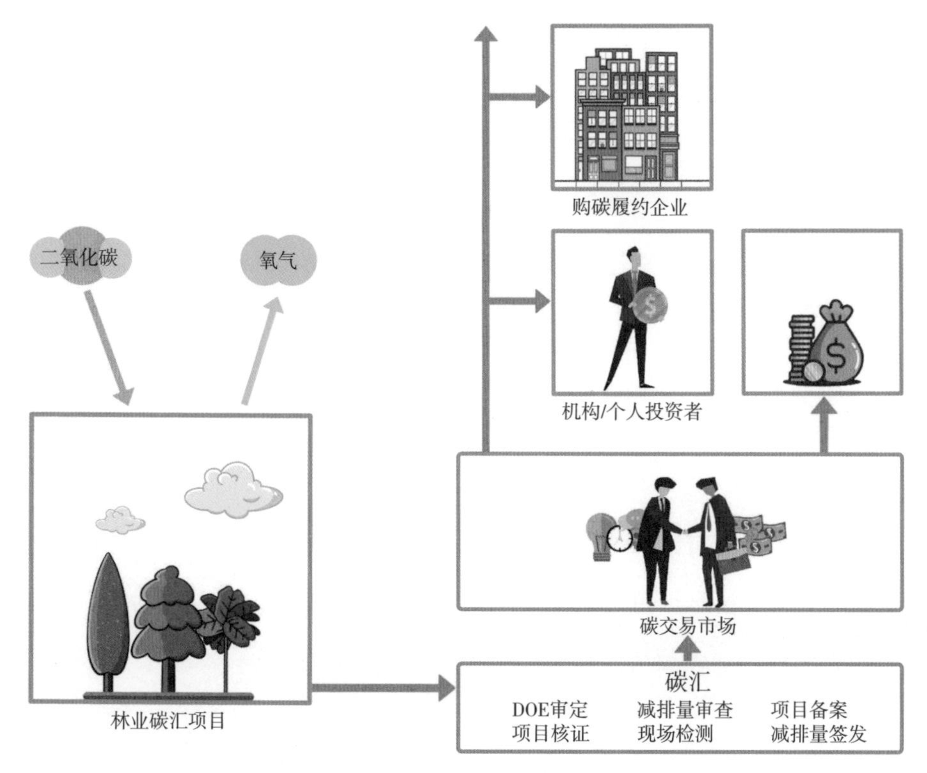


图 7-9 碳汇交易流程图

像股票市场的交易呢？

## 三、竹君收益计算

2008 年中国启动全球首个竹林碳汇项目后，一直积极推进竹林碳汇进入全球碳交易市场。2013 年，原国家林业局提出规划，“计划到 2020 年，中国将新建 100 万公顷竹林基地，竹产业总产值将达到 480 亿美元，就业人数达 1000 万人”。为此，中国在技术创新上加大投入，先后通过了林业公益性行业科研专项、948 计划等科研计划。数据显示，竹林培育技术推广成果显著，截至 2016 年年末，竹林生产力提高了 25% ~ 30%。目前中国的浙江、四川、福建、江西、贵州、云南等地均有优良的竹林基地，加工生产的竹材产品以竹板材、竹纸等为主。拥有中国近 1/6 竹林面积的浙江，小到竹席、竹帘等生活用品，大到近两年新兴的“竹缠绕”技术，都处在业界前列。

这些都是竹君经营竹林的光明前景。那么竹君开始投入的 20 公顷碳汇竹林的碳汇纯收益如何？经过测算，在竹产区只要科学经营竹林，每年每公顷可以产生 7.50 吨碳，即每年可以产 150 吨碳，以每吨 30 元的价格计算，竹君每年在竹林中的碳汇收益所得为 4500 元。怎么只有 4500 元？是不是太少了？其实，这 4500 元不是卖竹材所得，而是在所有竹材出售、竹笋出售、生态旅游等收益以外的“卖空气”所得。除了碳汇收益，还有竹材收益，我们再算一笔账，每年每公顷可以产 7.50 吨碳，换算成鲜竹重约为 1.5 万千克，按照 0.60 元 / 千克的单价，每年每公顷可以产生竹材收益 9000 元，所以，竹君每年在竹林中的竹材增收所得为 180000 元。这些是可以看得见的收益，还有看不见的收益，竹君经营毛竹林，改善了当地气候，涵养了水源，保持了水土，产生了可观的生态效益。还能搞竹林康养和旅游业，这一部分更是不可估量的经济收益。

还是回到竹林碳汇经济的问题上来。我们已经在这一章开始时引了亚当 · 斯密在《国富论》中一句著名的话：“水的用途最大，但我们不能以水购买任何物品，也不会拿任何物品与水交换。反之，钻石虽几乎无使用价值可言，但须有大量其他货物才能与之交换。”从经济学的角度，一种物品或产品要成为商品，稀缺性是前提。物品经交易成为商品，一是有价值，二是具有稀缺性。然而，亚当 · 斯密并不是没有认识到水的价值，而是因为那个时代到处都是干净的水、优质的水，水还不具备稀缺性，不可以当作商品买卖。而今全球气候变暖和世界范围控排造成了二氧化碳排放空间的稀缺性，而森林吸收二氧化碳形成的碳减排贡献，创造了额外的排放空间，这样的生存空间将如钻石般珍贵。

竹君经营这 20 公顷碳汇竹林，是为了小试牛刀，他了解了整个碳汇交易的过程之后，还在思考如何进一步扩大规模、提高竹林碳汇的数量，而人工经营的大片纯种竹林未必是稳定的生态学结构，只有通过科学方式保育采伐，才能可持续生产与经营。竹君还在想如何联合广大竹农运用现代的经济模式，收购碳汇“卖空气”。也许在未来的 10 年里，竹林碳汇将成为一个千亿级的新产业。更为重要的是，竹君们或许还能因此拯救这个世界。

# 第八章
# 碳明未来

充满劳绩，然而人诗意地栖居在这片大地上。

——荷尔德林《在柔媚的湛蓝中》

# 第一节
# 未来已来

## 一、气候变暖：从未如此真实

也许还有很多人认为，全球气候变暖遥遥无期，与我们和我们的子孙后代关系不大，不是什么大事情。但事实上，气候变暖是一个真正意义上的全球性危机。它所引发的蝴蝶效应，总会带来许多揪心的问题和灾难，而且已经悄然来袭，越来越让我们猝不及防。2020 年，我们似乎比任何时候都能意识到保护环境、敬畏自然、应对气候变化的重要性。

先让我们看一下“地球三极”出现的可怕变化。南极、北极与青藏高原一起并称为“地球三极”，可以最敏感地反映全球气候变化迹象。**第一极——南极气温超过** 20℃。2020 年 2 月 9 日，巴西科学家在南极洲西摩岛记录下了 20.75℃的高温天气！打破了该岛 1982 年创下的 19.8℃的最高纪录，且高了近 1℃。**第二极——北极甲烷大量逸出**。2 月 14 日，美国国家航空航天局（NASA）研究指出，在 30 万千米 $^2$ 的北极地区，发现 200 万个甲烷排放热点，研究认为这是由于气候变暖，北极地区的冻土层快速融化，以前“封印”在冻土层中的大量甲烷从湖水中冒着泡涌出形成的。

南北极覆盖着大量冰层，它就像地球头顶上的大镜子，把照在冰盖上约90%的太阳光照都反射回去了。但是如果南北极的冰融化变成一片海水，水吸收光的比例达到90%，就会导致南北极蒸发出大量的水蒸气。2018年12月，美国国家航空航天局一项调查显示，南极洲东部海岸1/8的冰川群此前被认为不会受到全球气候变化的影响，但研究显示最近10年该冰川群已经开始融化，这将导致世界大洋发生变化。研究人员发现，温暖的海水已经开始使南极洲东部最大的冰川——托滕冰川融化。数据显示，位于托滕冰川以西的4个冰川，其高度自2008年来已缩减约3米，而在2008年前未有融冰记录；托滕冰川以东的多个冰川高度缩减速度是2009年的2倍，其高度以每年0.30米的速度退减，目前已减少2.50米。

**第三极——青藏高原同样面临冰川加速融化的威胁，不仅如此，在青藏高原冰川还发现了多种新病毒。**美国俄亥俄州州立大学科学家发表论文称，在青藏高原冰核样本中发现了28种古老病毒，研究认为，全球变暖正在导致世界各地冰川缩小，并由此可能释放被冰封了数万乃至数十万年的微生物和病毒。

再让我们一起感受一下近几年发生的环境气候事件。东非的埃塞俄比亚、肯尼亚以及南亚的巴基斯坦和印度遭受蝗灾入侵，联合国粮食及农业组织向全球预警，蝗灾会带来严重的食物短缺，上百万人将需要食物救济。2019年印度持续高温，致数十人被热死；9月澳大利亚爆发罕见山火，燃烧4个多月致33人死亡，1170万公顷土地被烧毁，约10亿只动物死亡。2020年1月17日加拿大东北部遭受严重雪灾，打破1999年4月创下的单日降水纪录；1月12日菲律宾塔阿尔火山大规模爆发，迫使成千上万人紧急疏散；2月初，澳大利亚山火引发70万只澳洲蝙蝠侵入城市，该蝙蝠体形巨大，还能将人咬伤；2月17日，澳大利亚多地区又迎降雨和飓风，多个城市受影响；同时的英国，一场风暴强降雨导致多地暴发洪水。这一切可怕的灾害背后，指向的是同一个并不新鲜的万恶之源——全球变暖。

恶劣天气、动植物灾害与全球变暖之间的关系很容易理解，可是病毒，为何也归咎于全球变暖？早在 2014 年，法国一项研究提取了一种被封存在永冻层中长达 3 万年的病毒，并在实验室对其重新加热，病毒迅速复活。参与研究的科学家提出警告：冻结在土壤中的未知病原体，可能会因气候变暖而再次苏醒。

## 二、拯救地球：岂能留待明天

据统计，工业革命时期，地球表面空气中二氧化碳浓度约为每立方米 280 毫升；而 2019 年的浓度已超过每立方米 400 毫升。近 20 年，全球气温纪录逐年刷新：1998 年的全球平均气温，被世界气象组织宣布是自 1860 年开始保存完整气象记录以来最高的；10 年之后有科学家认为，2007 年的全球气温可能超过 1998 年，成为地球最热的一年；2013 年，世界气象组织报告再次得出结论，2001—2010 年是自 1850 年现代气象测量开始以来地球最热的 10 年，其中 2010 年的气温打破了之前所有的气温纪录。而最近，2020 年 5 月，世界气象组织发布的《2019 年全球气候状况声明》又指出，2019 年是有仪器记录以来温度第二高的年份。2015—2019 年是有记录以来最热的 5 年，2010—2019 年是有记录以来最热的 10 年。权威部门和报告屡次在刷新最高气温纪录，而且频率越来越快。

《自然》杂志曾发表一篇研究，目前人类活动造成的碳含量增长速度，是 5000 万年前地球最热时期的 20 倍。不过，当时大气中碳含量的增加是在较长时间内完成的，让大多数物种可以适应气候或者通过迁移来避免灭绝。但如今，地球面临的问题显然更为残酷。如今全球变暖已出现了 9 个已识别的气候临界点：

（1）亚马孙热带雨林经常性干旱。

（2）北极海冰面积减少。

（3）大西洋环流自 1950 年以来放缓。

（4）北美的北方森林火灾和虫害。

（5）全球珊瑚礁大规模死亡。

（6）格陵兰冰盖加速消融、失冰。

（7）永久冻土层解冻。

（8）南极西部冰盖加速消融、失冰。

（9）南极洲东部正在加速消融。

气候达到的临界点越多，意味着全球变暖的速度越快，越会造成不可逆的地球生态危机。地球可以没有人类，人类不能没有地球，它是我们赖以生存的唯一家园。气候变化越来越剧烈，携手拯救地球家园，减少和控制二氧化碳排放，我们已刻不容缓，没有等待的时间，需要每个国家、每个个人立即付诸行动，不能指望留待未来。其实很早之前人们就观测到了地球变暖的趋势，但只是少数人——科学家、环保人士、政府相关职能部门以及碳排放大户才会关注，并且总是宣讲一堆数据，列一堆光谱图，告诉大家二氧化碳浓度的变化，南北极站点数据的变化……然而，这些数据和现实距离太远，人们漠不关心。也许经历过 2020 年的一场全球性自然灾难后，每一个人都该警醒，我们的未来、地球家园的未来会怎样呢？应该怎样呢？

# 第二节
# 碳和你我

## 一、低碳：崇尚品位的生活

19 世纪初，年轻的美国社会开始向工业时代全力奔跑。资本的力量伴随着机器的轰鸣声，让经济迅猛发展。飞速进步的社会，特别是蓬勃发展的工商业，让人们的精神世界“失重”，拜金主义和享乐主义的思想成了美国社会的主流。聚敛财富成为人们生活的唯一目标，甚至到了为达目标不择手段的地步。人们毫无节制地向大自然索取资源，森林被砍伐，河流受污染，山体被开采，巨大的烟囱里冒出滚滚黑烟……

此时，只有一个人独自走向湖边——过另外一种生活——从 1845 年 7 月到 1847 年 9 月，梭罗（图 8-1）独自生活在离波士顿不远的瓦尔登湖边，差不多正好两年零两个月，在这段时间中梭罗尽一切努力过一种自给自足的“低碳”生活。宁静的瓦尔登湖为他提供了一个栖身之所，也为他提供了一种独特的精神氛围，他记录下自己生活与思考的点滴，写成《瓦尔登湖》。梭罗在书中的反思，是挑战他个人的甚至是整个人类的界限。但这种挑战不是对实现自我价值的无限希望，而是伤后复原的无限力量。从此,《瓦尔登湖》成为经典，

图 8-1 梭罗

维基百科公版图片：https://wiki.zhonghuashu.com/wiki/%E4%BA%A8%E5%88%A9%C2%B7%E6%88%B4%E7%BB%B4%C2%B7%E6%A2%AD%E7%BD%97

近两个世纪以来都成为人们反思工业化、现代化，渴望自然、低碳生活的代名词。

20 世纪 80—90 年代，美国汉学家比尔·波特进入终南山，亲身探访隐居在终南山等地的中国现代隐士。多年后他写出了一部记录式的书《空谷幽兰》，引起了全世界的轰动。这让世界知道，在高速发展下的中国，原来还有这样一个“低碳”生活到极致的“隐士”群体。比尔·波特以一个外国人的独特的视角引出了中国隐逸文化的传统，以及这个传统对当下世界的积极意义，既表达了对中国传统文化的赞赏与怀念，又看到了中国未来的希望。

还有一种生活方式被日本人称为“低欲人生”。多余的消费被视为一种不应该的资源消耗，只留下必要的生活工具，完成由物质至精神的简约，无论是安藤忠雄的建筑作品，抑或是一个普通日本家庭的生活，都像无印良品坚持的品牌理念一样，低欲是一种升级。哪怕是日本家庭，也经历过堆砌家电产品的阶段，告别了物质饥渴的时代，人们开始遵从内心选择生活方式。当下，如此生活方式的美学理念越来越受欢迎。生活本不需要那么多，只需要留下更具品质、更值得信任、更简洁有效的工具。也有人认为低欲背后是对更高艺术生活方式的追求，乔布斯的房间只留下一盏蒂芙尼桌灯，他带领员工去参观蒂芙尼艺术品展，然后用艺术品的态度创作苹果产品，不想要更多，只要最好，这是“低欲”带来的力量。

那么“低欲”等于“低碳”吗？看起来似乎是一样的。“低欲”一词源自日本经济学家大前研一的社会观察著作《低欲望社会》。面对日本已有的社会经济状况与特点，他将其他国家将来也会面临的社会问题，概括出一个词“低欲望社会”。在这样的社会环境中人口不断减少，老龄化越来越严重，年轻人失去拼搏奋斗的上进心，国民与企业都很富有、持有大量的资金，却难以有效地运用资金，消费者丧失了花钱的信心。

日本社会还提出了“断舍离”的概念,《断舍离》一书在亚马逊销量一度排名前十位，成为世界级的现象。然而“断舍离”的低欲生活在很多时候并不是真的发自内心的“低欲”，而是求而不得，只能暂时性地自我安慰。而“低碳生活”，却是一种积极的生活态度，更是一种追求时尚、负责任的人生态度!

那么我们的生活到底如何实现低碳呢?

我们在现代社会中日常使用的一切东西都需要经过生产、运输和销毁的过程，这一切过程都有能源的消耗和温室气体的排放。这也就使得二氧化碳在不经意间从我们的日常生活和消费中悄悄溜到大气中。所以我们首先要了解日常家庭中碳排放的边界（图 8–2）[23]

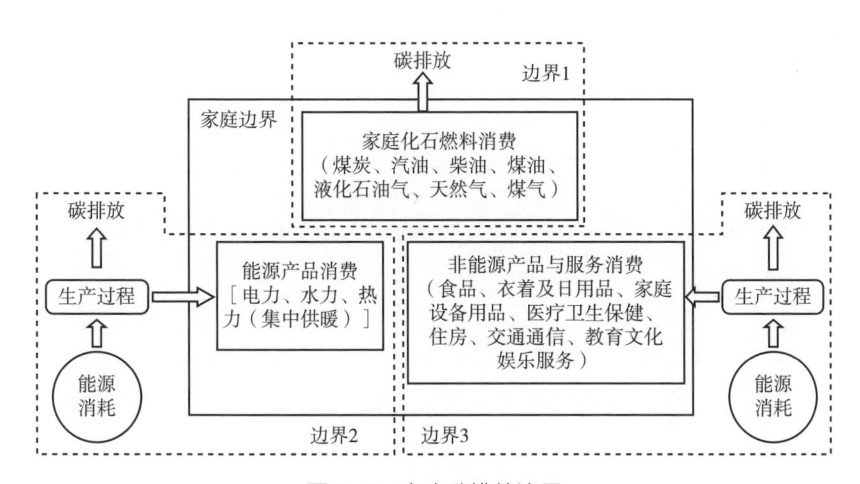


图 8–2 家庭碳排放边界

我们每节约 1 千瓦时（度）电，就能减少 1 千克二氧化碳的排放；每节约 1 升汽油，就能少排放 2.30 千克二氧化碳。夏季空调调高 1℃，就可节省 10%

的能耗；用节能灯替换白炽灯，产生的温室气体将减少 3/4。而在几乎无处不在的材料利用方面，我们已知竹林具有生长快、收获周期短及固碳能力强的特点，使得其有良好的碳替代功能。使用竹制家具与产品替代钢塑产品甚至木质产品，也是实现低碳的有效手段。

但是在工作生活中还有数不胜数的高碳行为，我们经常会浪费大量的打印纸，夏天盖着被子开着空调，办公室里的电脑始终不关，电灯开上一整晚，水龙头不能及时关闭，家里的冰箱总是塞满乱七八糟的东西，遇到堵车时挡位也忘记了切换成空挡……请通过这张简易的碳排放计算表（表 8–1）[24]，看看每个人每天的碳排放。

表 8–1　日常碳排放简易计算表

| 排放方式 | 计量单位 | 系数 |
|---|---|---|
| 家具用电 | 千瓦时 | 0.79 |
| 私家车出行 | 千米 | 0.27 |
| 大巴车出行 | 千米 | 0.01 |
| 飞机出行 | 千米 | 0.01 |
| 火车出行 | 千米 | 0.01 |
| 肉类食用 | 千克 | 0.12 |
| 天然气使用 | 立方米 | 0.19 |
| 自来水使用 | 升 | 0.91 |

注：大巴车、飞机、火车方式出行的二氧化碳的排放将根据乘客数量均摊到每个乘客身上。二氧化碳排放单位：千克。

环球同此凉热，今天我们对于“低碳生活”，已经不能只是倡导了，而应该有一种紧迫感和使命感。我们提出八条低碳生活准则，请大家践行低碳理念，付诸行动！

（1）穿衣：应注意节俭，不铺张浪费，不盲目追求时髦和名牌。

（2）饮食：坚持绿色环保的作风，不使用一次性用品，可使用自备餐具。

（3）出行：尽量不使用私家车，以步代车，或选择公共交通出行。

（4）无论在办公室还是居家，电脑、电视等电器不使用时关闭电源。

（5）节约用水，尽量一水多用。

（6）每张纸都双面打印，相当于保留下一半原本将被砍掉的森林。

（7）建议使用竹制家具，因为竹子比树木长得快，比钢塑排碳少。

（8）可以把马桶水箱里的浮球调低 2 厘米，节省马桶用水。

其实，这八条准则我们稍加留意，都可以轻松完成。当然，如果你对高品位的低碳生活越来越“上瘾”，也不妨领略一番“瓦尔登湖”或者“空谷幽兰”的“断舍离”境界。

## 二、买碳：引领时尚的消费

既然低碳生活是具有品位的一种生活方式，那么时尚的消费绝对不会是买昂贵的包包、跑车或者红酒，如果想要奢侈一把，那就多多“买碳”吧！请注意，我们买的不是二氧化碳，而是能够抵消自己碳排放的“碳指标”。

中国统一碳市场虽然已经初步建立，但目前仍然在探索和发展当中。市场的繁荣终究建立在有人要买有人要卖的基础上，作为地球村的一员，作为新时代的先行者，我们应积极参与到碳市场的交易当中来，力所能及地购买林业碳汇，抵消自己日常的碳排放，同时也能激发林业碳汇工作者和森林经营农户的积极性，促进碳市场的良性健康发展。也许，当下很多人没有购买过碳指标，甚至没有听说过碳指标，但是将来我们日常的流行口头语会说：“今天你买碳了吗？”

目前，想要购买碳指标的我们该寻求哪些平台进行购买呢？其实，全国范围内已经存在着诸多林业碳汇交易平台，主要划分为国家与地方级林业碳汇市场。例如：

**中国自愿减排交易信息平台（http://cdm.ccchina.org.cn）**

**中国绿色碳汇基金会（http://www.thjj.org）**

**华东林业产权交易所（http://www.hdlqjy.com）**

**上海环境交易所（http://www.cneeex.com）**

**四川联合环境交易所（https://www.sceex.com.cn）**

**湖北碳排放交易中心（http://www.hbets.cn）**

……

普通市民或企业如要购买碳汇减排量，可以登录中国绿色碳汇基金会网站，通过“在线捐款”这个平台，以支付宝、财付通、银行转账和邮局汇款四种方式支付费用，甚至还可以购买后指定捐给某地区。

那么我们购得了碳指标后有哪些具体用途呢？可从以下几个途径来消费：

（1）**企业碳减排抵消**。强制控排企业可以通过购买“碳抵消”额度来满足自身的排放上限要求，这比投资新技术减碳或购买碳排放配额的成本更低，通过购买减排指标，在缴纳履约配额时，可采用一定数量的CCER的碳汇项目，来抵消其一定比例的排放（图8-3）。自愿减排企业也同样可以购买碳指标，为企业排放埋单，履行社会公共责任，为地球更美好的明天贡献自己的力量。

（2）**活动碳中和**。在诸如演出、赛事、会议、论坛、展览等各种大型活动中，涉及的流程和环节繁多，具有参与人数众多、持续时间较长的特点，由场馆建设、赛事活动导致的原材料消耗、能源消耗等都会产生大量温室气体排放。生态环境部于2019年6月发布的《大型活动“碳中和”实施指南（试行）》（以下简称《指南》）填补了我国在这方面的空白。《指南》中将“碳中和”定义为通过购买碳配额、碳信用的方式或通过新建林业项目产生碳汇量的方式抵

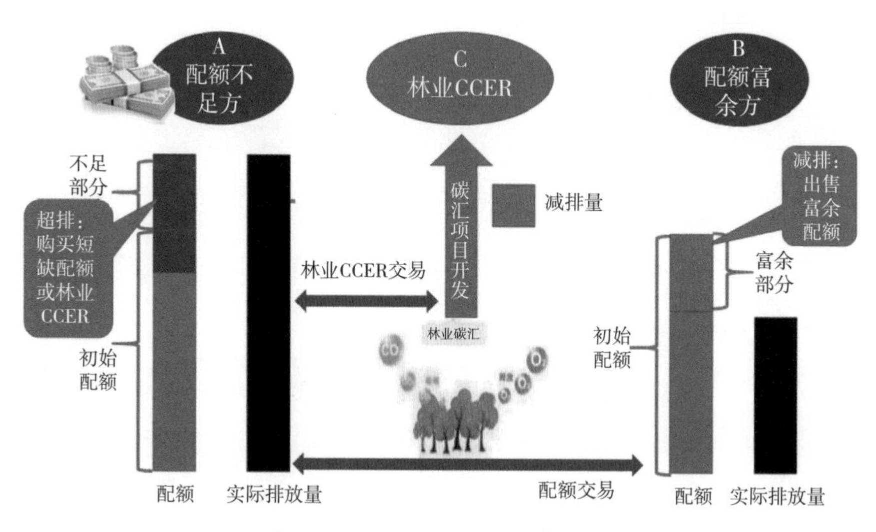


图 8-3 CCER 碳减排交易原理图

消大型活动的温室气体排放量。“碳中和”已成为新兴方式，越来越多的活动举办方愿意采用“碳中和”的方式来处理活动所产生的二氧化碳。2006 年在德国举办的足球世界杯赛事就运用了“碳中和”，2008 年北京奥运会开创了中国在大型活动中运用“碳中和”的先例，2014 年北京举办了第一个实现“碳中和”的 APEC 会议，2016 年在杭州召开的 G20 峰会也运用了“碳中和”（图 8-4）。

（3）**消除个人碳足迹。**碳足迹可用来表征一个人的能源意识和行为对自然界产生的影响，指个人或企业的碳耗用量。简单讲，碳排放存在于我们日常的衣食住行中，我们个人也可以购买碳指标来抵消自己或者家庭的日常碳排放，坚持低碳生活，履行个人义务。比如“低碳买家”会到以上我们推荐过的网上平台，出资 300 元购买 10 吨林业碳汇量，以此来抵消自己日常开车出行造成的碳排放。虽然目前国家并没有对个人有减排方面的要求，但是随着碳交易的日趋成熟，个人购买碳指标会成为长久的“时尚”。我们每一个人一般很难去种一大片树林或竹林来抵消自己的碳排放，但我们可以运用这个交易平台

2006年德国世界杯比赛是首个实现“碳中和”的世界杯比赛

2008年北京奥运会开创了大型活动“碳中和”的先河

2014年在北京举办的APEC会议成为首个实现“碳中和”的APEC会议

2016年中国杭州G20峰会

图 8-4　部分全球实行“碳中和”的大型活动

去购买碳汇指标来履行一个公民的社会责任。

（4）**储备碳信用资产**。我们不仅可以“买碳”，还可以拥有个人的碳信用资产。个人在日常生活中通过节能减排、绿色消费的低碳行为而降低的碳排放，可以累积形成碳信用资产。还可以在碳市场中购买一些碳指标作为金融资产，像证券市场中的股票一样，低吸高抛挣取差价。这就是我们在前文中曾介绍过的“碳金融”“碳货币”的产生与流通。这是一个未来会越来越庞大的个人参与的碳市场，其中包括个人碳信用观念的建立、碳足迹的计算、碳资产的形成、个人碳平衡与碳购业务以及个人碳金融的全面发展。

看到这里，是不是心动了？今天，您买碳了吗？

# 第三节
# 碳和天下

## 一、全世界与碳的约定

过去的一个世纪里，地球平均气温上升了 0.85℃。不要小看这 0.85℃，它让全球变成了一个“大火炉”。这火炉有多危险，不做重述，应了毛泽东主席的词《念奴娇·昆仑》中的句子:“夏日消溶，江河横溢，人或为鱼鳖……太平世界，环球同此凉热。”既然是全世界共同要面对与承担的责任，于是为应对全球气候变化，各国谈判代表相聚一堂，在联合国框架下举行气候峰会，提出各国减排承诺，并签署峰会协议。以下四个事件是在人类共同和全面参与全球碳减排方面具有里程碑意义的。

**（1）通过《联合国气候变化框架公约》**。这是第一个里程碑，1992 年 5 月 9 日在巴西里约热内卢通过了这一公约。据统计，如今已有 190 多个国家签署了《公约》，这些国家被称为《公约》缔约方。《公约》缔约方做出了许多旨在解决气候变化问题的承诺。每个缔约方都必须定期提交专项报告，其内容必须包含该缔约方的温室气体排放信息，并说明为实施《公约》所执行的计划及具体措施。《公约》于 1994 年 3 月生效，奠定了应对气候变化国际合作的法律基础，是具有权威性、普遍性、全面性的国际框架。**这是世界上第一个应对气候变化、控制二氧化碳等温室气体排放的国际公约。**

**（2）制定《京都议定书》**。这个我们曾提到过，全称为《联合国气候变化框架公约的京都议定书》，于 1997 年 12 月，在日本京都举行的由《公约》缔约方第三次会议（COP3）上制定。其目标是“将大气中的温室气体含量稳定在一个适当的水平，进而防止剧烈的气候改变对人类造成伤害”。议定书中提出了排放贸易（ET）、联合履约（JI）和清洁发展机制（CDM）三种机制安排，为建立全球碳市场打下了基础。2005 年 2 月 16 日,《京都议定书》正式生效。**这是人类历史上首次以法规的形式限制温室气体排放。**

**（3）召开哥本哈根气候变化大会**。全称《联合国气候变化框架公约》第 15 次缔约方会议（COP15），于 2009 年 12 月 7—18 日在丹麦首都哥本哈根召开。来自 192 个国家的政府代表及科学家、非政府组织、媒体记者约 33000 人参会，会议主要为解决《京都议定书》一期承诺到期后的后续方案，即 2012—2020 年的全球减排协议，尽管会议只达成了不具法律约束力的《哥本哈根协议》，但这次大会进一步唤醒了各国公众对全球气候变化的关注，最大范围地将各国纳入了应对气候变化的合作行动中。

**（4）制定《巴黎协定》**。2015 年 11 月 30 日至 12 月 11 日，第 21 届全球气候变化大会（COP21）在法国巴黎召开，共同协商起草了应对气候变化问题的《巴黎协定》，2016 年 11 月 4 日协定正式生效，为 2020 年后全球应对气候变化行动做出安排。《巴黎协定》主要目标是把全球平均气温较工业化前水平升高控制在 2℃之内，并为把升温控制在 1.5℃之内而努力。**这是继《京都议定书》后第二份有法律约束力的气候协议。**

除了上述国际协议，通过“碳”的市场化机制来减少全球二氧化碳的排放，以缓解因人类活动带来的气候变暖的问题，也是全世界的共识。截至 2017 年年底，全球共有 21 个碳交易体系（ETS）投入运行，覆盖超过 70 亿吨的温室气体排放，占全球碳排放总量的15%。巴西、俄罗斯、泰国、土耳其、越南、哈萨克斯坦等国家正在考虑或筹备建设碳市场。

## 二、林业“碳”行动

林业碳汇由于具有显著的减排效果、优良的附加效应和充分的公益性而获得国际社会的高度认可，成为应对全球气候变化的重要措施之一。国际林业“碳”行动已在如火如荼地开展。我们来看几个里程碑式的事件。

（1）**制定《巴厘岛路线图》**。2007年在印度尼西亚巴厘岛举行的《公约》缔约方第13次会议上，通过了《巴厘岛路线图》。同意将减少发展中国家毁林和森林退化导致的排放，以及将通过森林保护、森林可持续管理、增加森林面积增加碳汇（REDD+）作为减缓措施纳入气候谈判进程；要求发达国家对发展中国家在林业方面采取的上述减缓行动给予政策和资金激励。《巴厘岛路线图》进一步提升了林业在应对全球气候变化中的重要地位。参会国家还组织酝酿建立一个专门的基金用于支持开展REDD+试点活动，旨在帮助发展中国家“减少毁林和森林退化造成的碳排放，以及加强森林经营、增加森林面积来提高森林碳汇”。

（2）**通过《华沙REDD+框架》**。2013年，华沙第19届全球气候变化大会就激励和支持发展中国家减少毁林及森林退化导致的排放、森林保护、森林可持续经营和增加碳储量行动议题通过了一揽子决定。美国、挪威和英国政府在会议期间宣布出资2.8亿美元支持《华沙REDD+框架》。《华沙REDD+框架》共由7项决定组成，主要明确了发达国家通过公约下的绿色气候基金和其他多种渠道为支持发展中国家实施REDD+行动提供新的、额外的、充足的和可预见的资金支持。

（3）**成立绿色气候基金**。绿色气候基金（Green Climate fund，GCF）是一个正式机构，由《公约》指导其规则和操作。2009 年在丹麦哥本哈根举行的《公约》缔约方第 15 次会议上决定建立，由发达国家注资并帮助支持发展中国家减缓和适应气候变化的行动，包括 REDD 计划、适应行动、技术开发和转移等。该基金于 2011 年正式启动，发达国家承诺在 2020 年前，每年筹集 1000 亿美元用于解决发展中国家的减排需求。但实际到位经费远远没有达到目标，至 2015 年 4 月，已有 33 个国家许诺注资 102 亿美元。

## 三、中国“碳”引领

“天行健，君子以自强不息；地势坤，君子以厚德载物。”中华民族自古以来就是一个崇尚人与自然和谐，以“天人合一”为最高理想境界的民族。我国政府明确提出要“引导应对气候变化国际合作，成为全球生态文明建设的重要参与者、贡献者、引领者”。

不可否认，高速发展的中国已然成为这个世界最大的碳排放国，但中国的人均碳排放仍处于世界平均水平。作为一个负责任的发展中国家，中国政府对气候变化问题给予了高度重视，并根据国家可持续发展战略的要求，采取了一系列与应对气候变化相关的政策和行动，切实履行在历次气候变化大会上做出的承诺，为减缓全球气候变化做出了积极的贡献。中国所采取的主要措施体现在四个方面：①调整经济结构。②优化能源结构。③推广节能技术和产品。④健全应对气候变化体制机制。

特别是在林业应对气候变化方面。为切实履行《公约》义务，2007 年《中国应对气候变化国家方案》提出了通过继续实施植树造林、退耕还林还草、天然林保护等林业生态工程，使森林覆盖率达到 20%，实现林业碳汇数量比 2005 年增加约 0.50 亿吨的温室气体控制目标。2009 年中国向国际社会承诺了三个温室气体减排目标，森林“双增”目标是其中之一：2020 年中国森林面积要比

2005年增加4000万公顷，森林蓄积量增加13亿米$^3$；2015年，中国在巴黎气候大会上发布了国家自主贡献目标，其中之一：2030年比2005年增加森林蓄积量45亿米$^3$。充分体现了我国政府通过林业措施应对气候变化的勇气与决心。

2009年11月6日，原国家林业局召开新闻发布会，公布了《应对气候变化林业行动计划》。为贯彻落实《中国应对气候变化国家方案》赋予林业的任务，《林业行动计划》确定了5项基本原则、3个阶段性目标、22项主要行动，指导各级林业部门开展应对气候变化工作。其中《林业行动计划》规定实施的22项主要行动，包括林业减缓气候变化的15项行动和林业适应气候变化的7项行动。林业减缓气候变化的15项行动：大力推进全民义务植树，实施重点工程造林，加快珍贵树种用材林培育，实施能源林培育和加工利用一体化项目，实施全国森林可持续经营，扩大封山育林面积，加强森林资源采伐管理，加强林地征占用管理，提高林业执法能力，提高森林火灾防控能力，提高森林病虫鼠兔危害的防控能力，合理开发和利用生物质材料，加强木材高效循环利用，开展重要湿地的抢救性保护与恢复，开展农牧渔业可持续利用示范。

林业适应气候变化的7项行动：提高人工林生态系统的适应性，建立典型森林物种自然保护区，加大重点物种保护力度，提高野生动物疫源疫病监测预警能力，加强荒漠化地区的植被保护，加强湿地保护的基础工作，建立和完善湿地自然保护区网络[25]。

中国林业应对气候变化建设取得了举世瞩目的伟大成就。联合国粮农组织发布的《2015年世界森林状况》指出：中国是全球净增森林面积最多的国家，年均增加154.20万公顷。总体而言，亚洲和太平洋区域在20世纪90年代每年损失森林70多万公顷，但在2000—2010年，每年增加了140万公顷。这主要是中国大规模植树造林的结果。2015年，澳大利亚科学家团队经过20年的研究发现，中国大规模地种树造林，为扭转全球森林损失做出了贡献。该研究报告发表在《自然·气候变化》期刊上，研究认为：全球植被总量的增加，主要源于环境与经济因素的正向结合，尤其是中国大规模的植树造林项目。澳大利亚、非洲和南美洲大草原等地森林植被的增加，是降雨增加的结果；在俄罗斯及其他原苏联加盟共和国，森林的天然更新则更多地发生在原来被弃耕的农地上，而中国是唯一通过实施大规模植树造林工程项目增加森林植被的国家。仅 2018 年，全国就完成植树造林面积 726.60 万公顷，完成森林抚育面积 866.70 万公顷，使森林面积蓄积持续增加，森林碳汇功能不断增强。

根据第八次全国森林资源清查结果，我国现有森林面积 2.08 亿公顷，森林蓄积 151.37 亿米$^3$，全国森林植被总碳储量达 84.27 亿吨，每年可吸收 16.10 亿吨二氧化碳，约占同期全国温室气体排放总量的 15.2%，占全球温室气体排放总量的 6.2%。中国的森林固碳在减缓全球气候变化中发挥出了显著作用。

2010 年，我国还专门成立了以增汇减排、应对气候变化为目标的中国绿色碳汇基金会。为企业、组织和公众搭建了一个通过林业措施“储存碳信用、履行社会责任、增加农民收入、改善生态环境”四位一体的公益平台。中国绿色碳汇基金会利用企业和社会捐资，已管理和营造碳汇林逾 8 万公顷，组织实施了“联合国气候变化天津会议碳中和林”“2014 年北京 APEC 会议碳中和林”“2016 年杭州 G20 会议碳中和林”以及中国企业家俱乐部连续 8 届“中国绿公司年会碳中和林”等不同主题的碳中和项目，截至 2018 年 11 月，已经实施碳中和林项目 53 个（图 8-5）。

中国还提出建设绿色“一带一路”，设立南南气候合作基金。中国政府将拨款约合每年 2000 万美元，开展为期 3 年的气候变化南南合作，支持和帮助非洲国家、最不发达国家和小岛屿国家等应对气候变化。作为全球最大碳排放国家之一，中国的努力对全球气候变化的贡献是十分巨大的，示范效应很强，充分体现了中国的大国责任担当。

中国的“碳”引领还体现在竹林碳汇的科技成果上。竹林作为一种特殊的森林，具有极强的固碳能力。但在《京都议定书》的框架中，作为抵消二氧

广东长隆碳汇造林项目（13000 亩）

浙江临安毛竹林碳汇项目（750 亩）

北京房山区碳汇造林项目（2000 亩）

甘肃定西碳汇造林项目（2000 亩）

伊春市森林经营增汇项目（9000 亩）

图 8-5 林业碳汇试点示范项目

化碳排放额的“森林”定义有严格的要求和标准限制。也就是说中国人还要努力为“竹林碳汇”争取话语权，要将竹子这一“吸碳王”的神奇能力展示在全世界的眼前，获得世界的认可。

近 20 年来，浙江农林大学林业碳汇与计量科技创新团队聚焦于竹林碳汇研究，解决了竹林“如何固碳”“如何测碳”“如何增碳”“如何售碳”等科学与技术问题。在国际竹藤组织、中国绿色碳基金会等单位共同组织和支持下，团队主持开发了符合中国核证减排要求的《竹子造林碳汇项目方法学》和《竹林经营碳汇项目方法学》，突破了竹林碳汇进入国内碳市场的技术瓶颈。

自 2009 年哥本哈根气候变化大会以来，团队成员连续参加联合国气候变化大会（图 8-6），提交了 6 份竹子应对气候变化的专题技术报告（图 8-7）。这些报告在大会上引起了全世界的广泛关注，为推动国际社会把竹林纳入森林碳汇减排范畴、开辟并推动我国竹林碳汇产业发展、提高我国林业应对气候变

图 8-6　团队成员连续出席气候大会

图 8-7　6 份专题技术报告

化谈判的主动权发挥了重要作用。

2016 年，浙江农林大学林业碳汇与计量科技创新团队开发并提交了世界竹资源领域唯一的两项国际核证碳减排标准（VCS），为竹林碳汇项目开发和进入国际碳市场提供了规范的计量与监测标准。同年 11 月，浙江农林大学的竹林碳汇专家在联合国马拉喀什气候变化大会上，围绕“竹林碳汇促进产业发展”的主题做了案例介绍和评论，再次引起了各国专家、学者和相关媒体的关注。

2015 年团队在湖北通山县实施了全国首个中国核证减排量（CCER）竹子造林碳汇项目，获得国家发改委项目备案。2015 年以来，团队又在浙江省安吉县、景宁县、诸暨市、遂昌县，杭州市临安区陆续开发竹林经营碳汇项目 2.71 万公顷，可产生核证减排量 500 多万吨。2017 年，团队开发的“竹林增汇减排综合经营技术”被国家发改委列入重点推广低碳技术。

经过几十年的研究和实践，我们深切地感受到，发展竹林碳汇，增强竹林固碳能力，有助于优化提高竹林资源质量，促进竹林可持续发展；发展竹林碳汇，要求有经营减排技术和监测技术支撑，有助于创新形成全产业链生态经营技术；发展竹林碳汇，促进碳汇市场交易，有助于实现生态价值货币化，助力林农增收致富；发展竹林碳汇，让千家万户林农参与其中，并建立碳汇林示范基地、打造参与式低碳科普平台，有助于弘扬生态自觉，让低碳生产生活成为大众习惯。

几十年来，林业碳汇与计量科技创新团队成员在竹林碳汇领域的探究与寻觅，正是应对气候变化中国行动的一个缩影。目前，中国已经提前 3 年完成在巴黎气候变化大会上的减排承诺——到 2020 年单位国内生产总值二氧化碳排放比 2005 年下降 40% ~ 45%，这集中了全国 14 亿人的智慧、努力和汗水。中国在全球气候治理中的话语权正在稳步上升，从最初的参与者变成了重要贡献者和新的引领者，并将为持续带领全球共同应对气候变化做出“中国贡献”。

到此为止，我们的“竹林碳觅”探觅到了什么呢?

无论冰川融化还是雪山消亡，无论热浪来袭还是旱涝入侵，无论北极熊孤独的背影还是灾民无助的泪水……都是我们共同赖以生存的这个蓝色星球气候危机的症候，我们不能让地球带着遗憾去流浪。在这个美丽的星球上，天空、森林、人类、一切动物，都紧紧地联系在一起，构成了生命共同体。而竹子正是上苍赐给地球、人类的瑰宝，是影响世界的独特物种，它独一无二、别具一格，具有如此神奇的特性用途，如此深厚的文化内涵，如此强大的碳汇功能！不妨让我们一起到中国的竹乡徜徉一番，美丽洁净的村庄，幽深静谧的竹林，清新甘甜的空气，试着轻轻抚摸翠绿的竹子，你定能感受到竹子的美丽神奇和吸碳魔力，定能感悟到“绿水青山就是金山银山”的含义，定能感叹于竹林是如何撑起了美丽乡村的风景线。让我们用“碳”的语言与之完成一次心灵的对话（图 8-8）。

人类从数万年的漫漫历史中走来，经历了“白色”的原始文明、“黄色”的农业文明，进入“黑色”的工业文明，许多发达国家已经步入了后工业文明时期，经历无数次深刻反思与生态觉醒，人类终于朝着“绿色”的生态文明迈进。同样是与中国人相处了几千年的竹林，

图 8-8　竹海美景

正在以一种新的文明姿态焕发生机。

经过了这番科学的探访与艰辛跋涉，再翻开元代吴镇的《墨竹竹谱》欣赏那“千载之下，独见苍翠欲滴”的纸上“碳汇”时（图 8-9），我们不禁感慨，人类从竹的姿态与境界中发现那最高的美的觉悟，与从竹林的土地里扎扎实实生长而出的科学公式与技术方法竟然是同一种存在。千年以前，中国唐代以诗悟道著称的“诗佛”王维，缓步走入一片幽深的竹林，他莫非早已参悟了这一切？暮色渐浓，一首《竹里馆》伴着古琴曲吟哦而起：

独坐幽篁里，弹琴复长啸。深林人不知，明月来相照……

图 8-9　元代吴镇的《墨竹图谱》

# 参考文献

［1］浦汉昕. 地球表层的系统与进化［J］. 自然杂志，1983（2）：126–128.

［2］李博，赵斌，彭容豪. 陆地生态系统生态学原理（中文版）［M］. 北京：高等教育出版社，2005.

［3］徐明. 森林生态系统碳计量方法与应用［M］. 北京：中国林业出版社，2017.

［4］IPCC. IN：CORE WRITING TRAM，PACHAURI R K，MEYER L A.（Eds.），Climate Change 2014：Synthesis Report. Contribution of Working Groups I，II and III to the Fifth Assessment Report of the Intergovernmental Panel on Climate Change. Geneva：2014.

［5］方精云，于贵瑞，任小波，等. 中国陆地生态系统固碳效应——中国科学院战略性先导科技专项“应对气候变化的碳收支认证及相关问题”之生态系统固碳任务群研究进展［J］. 中国科学院院刊，2015，030（6）：848–857.

［6］WEN D，HE N. Forest carbon storage along the north–south transect of eastern China：Spatial patterns，allocation，and influencing factors［J］. Ecological Indicators，2016，61：960–967.

［7］姚炳矾，吴庆周，何继恩. 荔波县竹产业发展规划研究［J］. 现代农业科技，2012，582（16）：170–174.

［8］国家林业局. 全国竹产业发展规划（2011—2020 年）（征求意见稿）［Z/OL］.（2012–10–26）［2020–11–19］. http://www.forestry.gov.cn/uploadfile/

main/2012-10/file/2012-10-26-79a79986f7ee4082a6f762075129081a.pdf.

[9] 施建敏，郭起荣，杨光耀. 毛竹光合动态研究 [J]. 林业科学研究，2005，18：551-555.

[10] 陈晓峰. 浙江安吉毛竹林生态系统碳通量及响应机制研究 [D]. 杭州：浙江农林大学，2016.

[11] 江洪，周国模. 竹林生态系统能量和水分平衡与碳通量特征 [M]. 上海：上海交通大学出版社，2016.

[12] 周国模，姜培坤，徐秋芳. 竹林生态系统中碳的固定与转化 [M]. 北京：科学出版社，2010.

[13] SONG Z L，LIU H Y，LI B L，et al. The production of phytolith-occluded carbon in China's forests：implications to biogeochemical carbon sequestration [J]. Global Change Biology，2013，19（9）：2907-2915.

[14] 项婷婷. 中国重要丛生竹生态系统植硅体碳汇研究 [D]. 杭州：浙江农林大学，2015.

[15] 杨杰. 中国重要散生竹生态系统植硅体碳汇研究 [D]. 杭州：浙江农林大学，2016.

[16] 林维雷. 亚热带重要森林类型土壤植硅体碳的研究 [D]. 杭州：浙江农林大学，2015.

[17] 应雨骐. 中国亚热带重要森林类型现存凋落物植硅体碳汇与通量研究 [D]. 杭州：浙江农林大学，2015.

[18] 肖岩，李佳. 现代竹结构的研究现状和展望 [J]. 工业建筑，2015，45（4）：1-6.

[19] 周国模，顾蕾. 竹材产品碳储量与碳足迹研究 [M]. 北京：科学出版社，2017.

[20] 李想. 重组竹地板碳足迹计测及影响因素研究 [D]. 杭州：浙江农

林大学，2014.

［21］张智昌，麦焕光，张宏伟．珠海市森林碳汇造林技术研究［J］．中国农业信息，2013（13）：218-218.

［22］周国模，施拥军．竹林碳汇项目开发与实践［M］．北京：中国林业出版社，2017.

［23］曾静静，张志强，曲建升，等．家庭碳排放计算方法分析评价［J］．地理科学进展，2012，31（10）：1341-1352.

［24］顾鹏，马晓明．基于居民合理生活消费的人均碳排放计算［J］．中国环境科学，2013，33（8）：1509-1517.

［25］国家林业局．国家林业局发布《应对气候变化林业行动计划》［EB/OL］.（2009-11-09）［2020-11-19］．http://www.gov.cn/gzdt/2009-11/09/content_1459811.htm.